大数学家讲故事

李毓佩数学童话

爱数王子大战黑猫部落

李毓佩 著

U0155915

北方联合出版传媒（集团）股份有限公司
春风文艺出版社
·沈阳·

图书在版编目（CIP）数据

李毓佩数学童话. 爱数王子大战黑猫部落 / 李毓佩
著. —沈阳：春风文艺出版社，2023.11
（大数学家讲故事）
ISBN 978-7-5313-6521-1

Ⅰ.①李… Ⅱ.①李… Ⅲ.①数学—少儿读物 Ⅳ.
①O1-49

中国国家版本馆CIP数据核字（2023）第165604号

北方联合出版传媒（集团）股份有限公司
春风文艺出版社出版发行
沈阳市和平区十一纬路25号　邮编：110003
辽宁新华印务有限公司印刷

选题策划：赵亚丹		责任编辑：刘　佳	
责任校对：陈　杰		绘　　画：郑凯军	
封面设计：金石点点		幅面尺寸：145mm×210mm	
字　　数：61千字		印　　张：4	
版　　次：2023年11月第1版		印　　次：2023年11月第1次	
定　　价：25.00元		书　　号：ISBN 978-7-5313-6521-1	

目录

神奇的部落

鬼算国王坐在龙椅上，不停地唉声叹气："唉！真……真气死我了，一个小小的杜鲁克，一名小学生，我硬是斗不过他！此仇不报，誓不为人！"

鬼算王子在一旁劝说："父王不要生气，一切要从长计议。"

鬼算国王瞪着一双通红的大眼睛，直逼鬼算王子："你有什么好主意？"

"我们的军队接连吃了几场败仗，已经失去了战斗能力，当务之急是寻找新的战斗力。"

鬼算国王摇着头，说："我连续几次征兵，从十几岁的娃娃到六七十岁的老头儿，都征来当兵了，哪儿还有兵源哪！"

"父王，请附耳过来。"鬼算王子趴在鬼算国王的耳边，小声说："我的心腹鬼机灵最近打听到一个振奋人心的消息。"

"哦？你说说看。"

"在黑猫山上住着一个神秘的部落，平时人人都打扮成黑猫的模样。他们全都习武，个个敏捷如猫，蹿房越脊，上树爬坡，如履平地。"

"啊！"鬼算国王大叫一声，噌的一下从龙椅上腾空而起，"这正是我梦寐以求的战斗部队！快把鬼机灵给我叫来！"

鬼算国王一声令下，鬼机灵一溜小跑进了王宫："报——鬼机灵到！"

鬼算国王说："把黑猫部落的有关情报快快说来！"

"是！黑猫部落住在黑猫山，头领叫作喵四郎……"

"等等。"鬼算国王问，"为什么叫喵四郎？"

"在黑猫部落中，头领喵四郎有无限的权威，只要他喵喵喵喵连叫四声，任何事情就算决定了，任何人都不得更改。"

"黑猫山离这儿有多远？"

"具体有多远，我还真说不好，不过——"鬼机灵想了一下，"我和黑猫部落的三脚猫是好朋友。前些日子他约我去黑猫山找他玩儿，他约定了会面的时间。我去的时候，由于不认识路，每小时只走7公里，结果比约定时间晚到了1小时；回来时就快了，每小时走9公里，比约定时间快了5小时。"

　　"停!"鬼算国王一举手，"有了这些数据，就可以把距离算出来了。王子，你来算!"

"啊！"鬼算王子听说让他来算，吓了一跳，"我……我……我大概算不出来。"

鬼算国王眼睛一瞪："算不出来也要算！"

"是！"鬼算王子知道父亲让做的事，一定要做。可是从哪儿着手呢？他搓着手在原地转圈，没转几圈头上的汗就下来了。

"哼，连这么简单的题都做不出来！用方程解呀！"

鬼算王子赶紧趴在地上边说边写："用方程解题，求什么就设什么为 x。设从这儿到黑猫山的距离为 x 公里。先求去黑猫山所用的时间，时间=距离÷速度，应该是 $x÷7$ 小时；回来所用的时间是 $x÷9$ 小时，往下该列方程了……"王子说话的声音越来越小。

鬼算国王催促："你倒是快列方程啊！"

"我……我不会列呀！"

"我跟你说过多少遍，方程就是含有未知数的等式。你首先要找到两个相等的量出来。"

鬼算王子伸出右手在自己的脑门儿上狠狠地拍了三下："我想起来了，鬼机灵和三脚猫约好的时间是固定不变的。可以用两种形式来表示这个时间：鬼机灵去的时间是 $x \div 7$ 小时，比约定的时间晚了一小时，约定时间就是（$x \div 7 - 1$）小时；鬼机灵回来的时间是 $x \div 9$ 小时，比约定的时间早了 5 小时，约定时间就是（$x \div 9 + 5$）小时，由于约定的时间是一个，所以有：

$$x \div 7 - 1 = x \div 9 + 5"$$

鬼算国王点点头："嗯，往下呢？"

"我先把除法变成分数，$x \div 7 = \dfrac{x}{7}$，$x \div 9 = \dfrac{x}{9}$。方程就可以写成：

$$\frac{x}{7} - 1 = \frac{x}{9} + 5$$

$$\frac{x}{7} - \frac{x}{9} = 5 + 1$$

$$\frac{2x}{63} = 6$$

$$x = 63 \times 3$$

$$x = 189$$

算出来了，从这儿到黑猫山的距离为189公里。"

"好！"鬼算国王给儿子叫了一声好，回头又问鬼机灵，"黑猫部落的人喜欢什么？"

"报告国王，他们就喜欢老鼠。"

"对的嘛！猫就喜欢老鼠。我要带一份贵重的礼物，亲自到黑猫山拜访他们的头领喵四郎，请他带着他的精兵强将，攻打爱数王国。有这么一支世界上独一无二的战斗队伍，必能报我上次战败之仇！哈哈！"鬼算国王仰天大笑。

拜访喵四郎

一大早，鬼算国王就带领队伍出发了。他骑着一匹黑色的大马，穿着国王的华丽盛装，腰里挂着鬼头大刀，神气地走在队伍的最前面。鬼机灵作为带路的，骑着一匹白马紧跟在后面。再后面是鬼算王子，他骑着一匹花点马。

鬼司令带着100名御林军，骑着清一色的枣红马，跟在后面护卫。最后面是车队，拉着送给喵四郎的大批礼物。整个队伍浩浩荡荡，直奔黑猫山开去。

晓行夜宿，189公里的路程很快就走完了，前面出现了一座高山。山高林密，地形十分险要。

鬼机灵对鬼算国王说："前面就是黑猫山，我先去和喵四郎通报一下。"说完催马上了山。

过了一会儿，只听山上"咚咚咚"三下鼓声，呼啦啦从山上下来一支人马。每人都是猫的打扮，头上装了一对竖起来的猫耳朵，嘴画成三瓣嘴，嘴上有猫胡子。走路是猫步，嘴里不断发出喵喵的猫叫声。

"呀！一群猫人，神奇极了！"鬼算国王拍手叫好。

从猫群中走出一个身材高大的人，他冲鬼算国王一抱拳："鬼算国王远道而来，喵四郎未曾远迎，还请原谅！"

鬼算国王赶紧下马："久闻喵四郎大名，今日特来拜访。"

"请！"喵四郎把鬼算国王请进了猫王宫，分宾主坐定。

鬼算国王向外面一招手，说："把礼物抬进来！"鬼算王国的士兵抬进来几个大小不等的箱子。

鬼算国王指着箱子说："有几件礼物送给大王，不成敬意，望大王笑纳。"

喵四郎走下王座，想打开箱子，看看里面是什么礼物。

"慢！"鬼算国王一举手，拦住了喵四郎，"礼物没有什么特殊的，有趣的是，每个箱子里的礼物都有一道谜题。大王必须答对谜题，才能得到礼物。"

"哈哈！"喵四郎笑着点点头，"好，好，你没听说过一句谚语吗？'好奇害死猫'，猫对一切新鲜事物都感兴趣，为了探究秘密，死都不怕。你出谜题，我猜答案，这正合我意。"

鬼算国王一挥手："把第一组礼物抬上来！"4名士兵各抱着一个盒子走了上来，盒子的形状和大小都一样，只是4个盒子上写的字不一样。盒1上写着"白"，盒2上写着"绿或白"，盒3上写着"绿或红"，盒4上写着"黑或红或绿"。

鬼算国王指着盒子，说："这4个盒子里各装了一块颜色分别为白、绿、红、黑，价值连城的宝石。已知盒子上写的颜色和盒子里宝石的实际颜色没有一个是对的，请大王猜出每个盒子里所装的宝石各是什么颜色。"

"喵——"喵四郎学了一声猫叫，然后走近4个盒子，用鼻子仔细地闻了闻每个盒子。

"这又是干什么?"

"闻味呀!猫的嗅觉非常灵敏。"

鬼算国王一撇嘴,鼻子里发出轻蔑的哼哼声:"颜色也能闻出来?"

喵四郎突然噌的一下跳回到座椅上,手指着盒子说:"盒1里的是绿色的宝石,盒2里的是红色的宝石,盒3里的是黑色的宝石,盒4里的是白色的宝石。"说完了又喵喵喵喵连叫四声,用手一指盒子,说了声,"打开看看。"

话声未落,忽地从后面蹿出一个打扮成灰猫的人,迅速打开4个盒子:"报告大王,您猜的全部正确。"

"咦,真怪了!"鬼算国王摇摇头,"他真能闻出颜色来?"

"不可能!"鬼算王子不相信会有此事,便转头问鬼机灵,"这是怎么回事?"

"我来问问灰丑丑。"

"谁是灰丑丑?"

"就是那个打扮成灰猫的人。他是黑猫部落中，仅次于喵四郎、数学最好最聪明的人，也是黑猫部落中喵四郎最喜欢的得力助手。"

鬼机灵问灰丑丑："丑丑，喵四郎真是闻出来的?"

灰丑丑嘿嘿一笑："哪里的事！你们是出了一道简单的逻辑推理问题，这么简单的问题是难不倒我们大王的。我来给你讲讲推理过程。"

"好!"鬼算国王拍手欢迎。

因为盒4上写的"黑或红或绿"都不对，盒4里的宝石只能是白色的；因为盒3上写着"绿或红"不对，又不能是白色的，盒3里的宝石只能是黑色的；盒2上写着"绿或白"不对，又不能是黑色的，只能红色的；最后只剩下绿色了，盒1里的宝石必然是绿色的了。

灰丑丑一口气把推理的过程都说了出来。

"啪啪……"鬼算国王连续鼓掌，"好、好！黑猫部落的数学水平果然很高。还有两件呢？"

一匹宝马

一名士兵拉着一匹高头大马走了进来。大家一看，这匹马十分了得，身高差不多有两米，全身通红，四只白色的马蹄更显得漂亮。看见喵四郎，它立刻后腿支撑，前腿腾空站了起来，不停地嘶叫。

喵四郎见此宝马，急忙走下座椅，走到马的跟前，用手拍打马的脖子，高兴地说："宝马呀宝马!"

喵四郎回头问鬼算国王："不知这匹马的速度是多少?"

鬼算国王笑眯眯地回答："具体的速度我倒是没测过，不过我有个小故事，讲给猫大王听听。前几天我家来了一位客人，我设宴招待，客人酒足饭饱后就回去了。"鬼算国王停顿了一下，又接着说，"那天客人是骑着一匹白马来的，客人所骑的白马也是一匹有名的快马，每小时可行100公里，一共走了3小时；回去时天色渐暗，为了天黑前能赶回家，他骑了我的红马走的，结果只用了2小时就到家了。"

灰丑丑在一旁抢先回答："没问题。还是我先来算算。"他低着头嘴里念念有词，不用说这是在寻找解算方法，"路程、时间、速度的关系是：

$$路程 = 速度 \times 时间$$

知道白马的速度是每小时100公里，所用时间是3小时，可求出所行的路程：

$$路程 = 100 \times 3$$
$$= 300（公里）。"$$

喵四郎点点头，喵地叫了一声，表示赞同。

灰丑丑见大王点头，更来劲了："把关系式变一变：

速度＝路程÷时间

$$= 300 \div 2$$

$$= 150（公里/小时）。"$$

喵四郎"喵喵喵喵"连叫四声："1小时可行150公里，宝马呀，宝马！"

鬼算国王十分高兴："承蒙夸奖，一匹小马，不足挂齿。不过，我有一个问题，向大王请教。"

"请说！"

黑猫部落的来历

鬼算国王问："贵部落为什么叫黑猫部落？"

"说来话长。"喵四郎停顿了一下，"古埃及人在4000多年前，用尼罗河盛产的纸草，写了一本数学书叫《兰德纸草书》。书中有这么一道题：有7座房子，每座房子里有7只猫，每只猫吃了7只老鼠，每只老鼠偷吃了7穗大麦，每穗大麦作为种子可以长出7斗大麦，请问这7只猫为农民保护了多少粮食？我想这么简单的问题，鬼算国王陛下很容易算出来吧？"

鬼算国王刚要算，鬼算王子从一旁闪出，冲喵四郎一抱拳："杀鸡何用宰牛刀！我来算。"他在地上写开了：

房子　猫　　老鼠　大麦（穗）　大麦（斗）

7　7×7　7×7×7　7×7×7×7　7×7×7×7×7

"算出来了，这7只猫为农民保护了7×7×7×7×7斗粮食。"鬼算王子神气十足地向四周看了看。

灰丑丑在一旁说："具体是多少还没算出来呢！"

"连续做乘法就行了。"说完就算了起来：

$$7$$

$$7 \times 7 = 49$$

$$7 \times 7 \times 7 = 343$$

$$7 \times 7 \times 7 \times 7 = 2401$$

$$7 \times 7 \times 7 \times 7 \times 7 = 16807$$

鬼算王子一指最后一个数，说："这些猫保护了16807斗粮食。"

喵四郎说："49只猫就保护了16807斗粮食，你们说猫的功劳大不大？"

鬼算国王竖起大拇指："大，非常之大！"

"我们人类就应该向猫学习，向猫致敬！所以我们就成立了黑猫部落，人人都打扮成猫的样子，学猫上蹿下跳，左扑右咬，向害人的老鼠宣战！"喵四郎紧握拳头，咬紧牙关，恶狠狠地说，"我们发誓要把天下的老鼠全部消灭光！"

"啪啪啪……"鬼算国王连连鼓掌，"好，好，黑猫部落果然了得。不过，经过你们这样抓捕，黑猫山上还有老鼠吗？"

"这正是让我们黑猫部落发愁的一件大事。由于我们大肆围剿老鼠，周围百公里以内，已经见不到老鼠的踪迹了。唉！"喵四郎说到伤心处，眼泪都快下来了。

"哈哈！"鬼算国王说，"我们鬼算王国由于物产丰富，招来了大批老鼠，我们正为消灭老鼠而发愁，如果喵四郎能带领黑猫部落到我国围剿老鼠，可帮了我们大忙。"

"没问题！"喵四郎高兴地点点头，"国王陛下，你估计一下，贵国能有多少老鼠？"

"由于我国的老鼠太多，我曾经请一位大数学家来估算过。他先选出一块1平方公里的正方形，计算在这个正方形里有多少老鼠，然后再乘上我国的国土面积，就得出老鼠的总数。"

"究竟有多少呢？"

"他没有直接告诉我答案。他说，把1到10000的数全部写出来，然后将所有写出来的数码相加，这些数码之和就是老鼠的数量。"

鬼算国王停了好一会儿，问："大王把这个和算出来了吗？"

喵四郎不好意思地说："我派了两个猫人在做加法，可惜，还没有算出来。"

鬼算国王摇摇头："真的一个个相加，可费劲了。还是要找找规律。"说完就写出来一行数字：

0，1，2，3，……9996，9997，9998，9999

"头和尾的两个数的数码两两相加：

$$0+9+9+9+9=4\times9=36$$
$$1+9+9+9+8=0+9+9+9+(1+8)$$
$$=4\times9=36$$
$$2+9+9+9+7=0+9+9+9+(2+7)$$
$$=4\times9=36$$

…………

　　一共可以凑成5000对，最后一对是4999和5000，数码相加

　　$4+9+9+9+5+0+0+0=9+9+9+（4+5）$

　　$=4×9=36$

　　总和为$5000×36=180000$

这里还少了一个数，就是10000，但是这个最大数的数码是1，0，0，0，0，相加得1。所以，老鼠总数为180001只。"鬼算国王一口气算了出来。

　　"180001只老鼠，太好了！"喵四郎高兴地跳了起来。

练兵场的比试

鬼算国王突然想起来什么："猫大王，早就听说，贵部落的士兵个个骁勇善战，武艺非凡，能不能让我见识见识？"

"好哇！"听说鬼算国王要看看部落士兵的本领，喵四郎大嘴一撇，骄傲地说，"看完我的士兵操练，你才会觉得没白上黑猫山一趟。走，跟我去练兵场！"

爬过一个山头儿，来到一片开阔地，这是黑猫部落的练兵场。一群群士兵在练习各种动作，有练拳的，有练刀的，有练飞镖的，有学猫练扑老鼠动作的，有练爬树的，个个精神抖擞，动作刚劲有力。

在练兵场的中心，竖着一根旗杆，一面大旗随风飘扬，旗上写着三个大字——虎之师。

鬼算国王指着大旗，问："你的部队应该叫'猫之师'才对，怎么旗上却写着'虎之师'呢？"

喵四郎听了鬼算国王的问题，哈哈大笑："国王首先要弄明白，这里的'师'字不是当'部队'讲，而是'老师'的意思，说明猫是老虎的老师。"

"啊？猫是老虎的老师？"鬼算国王摇摇头，"我可从来没听说过，请讲讲。"

"在过去，猫和老虎是好朋友。猫非常灵活，蹿房越脊，上树爬墙，无所不能；而老虎动作笨拙，什么都不行。有一天，老虎突然给猫跪下，要拜猫为师，学功夫。在老虎的再三要求下，猫答应做他的老师。"

"原来是这么回事，后来呢？"

"经过几年的学习，老虎觉得自己把猫的本领差不多都学到手了。忽然有一天，他对猫说，师傅，我跟你学了好几年了，本领我也都学到手了。我现在肚子特别饿，你让我把你吃了吧！说完老虎就扑了过去。"

鬼算国王圆瞪双眼："猫让老虎吃了？"

喵四郎得意地说："猫身体往旁边一闪，噌的一下就蹿上了树，三下两下就爬到了树梢。老虎一看立刻傻了眼，他对猫说，师傅，你怎么没教我上树哇？猫说，我要把什么本领都教给你的话，你早就一口把我吃了，我也就没命啦！"

鬼算国王摇摇头："怎么还有比我更忘恩负义的呢？"

"我们黑猫部落向猫学了一招，也就是对谁都要防上一手！"说到这儿，喵四郎眼珠突然一转，"我听说鬼司令带来了100名王牌军，是鬼算王国的精锐部队。我也想拉出一支队伍，和鬼司令的王牌军比试比试。不知国王意下如何？"

"好哇！"鬼算国王兴奋地跳了起来，"我这次来贵部落，一是来搬救兵，二是来向你们学习武艺。通过比试就可以向你们学习了。咱们怎么比试？"

喵四郎略微想了一下："这样吧，请鬼司令先把你的100名王牌军分成4部分，让第一部分加上4个人，第二部分减去4个人，第三部分士兵数乘4，第四部分士兵数除以4，运算结果相同。"

鬼司令一听这道数学题，立刻傻眼了："这怎么算？"

"哼！"鬼算国王狠狠地瞪了鬼司令一眼，"平时

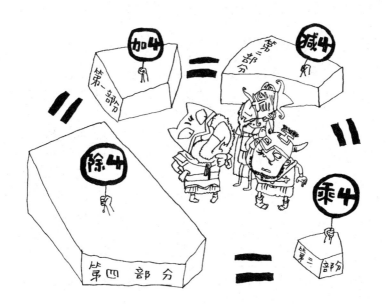

不努力，用时就傻眼!"

鬼司令赶紧求鬼算国王："国王，请您提示我一下，以后我一定好好学习数学。"

"由于4部分士兵经过4种不同的运算，结果相同，可以先设这个结果为a，这样一来，这4部分士兵各是多少呢?"

"让我想想：让第一部分加上4个人等于结果a，那第一部分就是a-4人；第二部分减去4个人，等于

结果 a，第二部分就是 $a+4$ 人；第三部分士兵数乘 4，等于 a，第三部分就是 $a \div 4$ 人；第四部分士兵数除以 4 等于 a，那第四部分就是 $a \times 4$ 人。"

"你还真不笨，往下呢？"

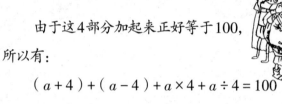

由于这 4 部分加起来正好等于 100，所以有：

$$(a+4)+(a-4)+a \times 4+a \div 4=100$$

$$6a+\frac{a}{4}=100$$

$$25a=400$$

$$a=16$$

这样一来，4 部分士兵人数分别是 $16-4=12$、$16+4=20$、$16 \div 4=4$、$16 \times 4=64$。

鬼司令算出了答案，大嘴一咧，满脸堆笑，心里别提有多高兴了。

灰丑丑有点儿不放心："我来验算一下：第一部

分加上4个人，就是12+4=16；第二部分减去4个人，就是20-4=16；第三部分士兵数乘4，就是4×4=16；第四部分士兵数除以4，就是64÷4=16。没错！运算结果相同，都得16。"

鬼算国王问："分完了，往下怎么办？"

喵四郎答："我也派出相同数目的4部分猫兵，和你们比试。"

"怎样比？"

"4人组的比试爬树，12人组的比试摔跤，20人组的比试刀法，64人组的比试排兵布阵。国王意下如何？"

"这4方面正是一名优秀战士所必备的本领，好！比试开始吧！"鬼算国王点点头。

喵四郎把令旗一举，命令道："第一组比试开始！"

双方阵营中，各走出4名士兵，一声呐喊，4名猫兵手脚并用噌噌噌只几下子，就爬上了树梢，再看鬼算王国的士兵刚刚抱住树干，正想往上爬呢！

"好！"鬼算国王大声叫好，"不愧是猫兵，上树如履平地。佩服！佩服！"

喵四郎脸上显得十分得意，把手中令旗一举："第二组比试摔跤，开始！"

鬼算王国的第一组比试输了，心想，第二组比试绝不能再输。他小声嘱咐鬼司令，一定要挑选12名摔跤高手出来比试。鬼司令连连点头，挑了12名膀大腰圆的士兵出阵。士兵刚刚站好，从猫兵队伍中蹿出12名又瘦又小的猫兵，一个个抓耳挠腮地向自己的对手冲去。

鬼算王国的士兵看到了，哈哈大笑："这么瘦小的对手，很容易对付，哪里跑！"伸出两只蒲扇般的大手向猫兵抓去。

只见猫兵一哈腰，从鬼算王国士兵的胯下钻了过去，接着反身一跳就跳到了鬼算王国士兵的背上，然后把又尖又长的猫爪子伸到鬼算王国士兵的腋下，用力地挠了起来。鬼算王国的士兵哪见过这个阵势，个个奇痒难忍，倒在地上，一边嘻嘻嘻不停地笑，一边打着滚喊"救命"。

鬼司令见状大吃一惊，担心鬼算王国的士兵受伤，赶紧高举双手，大声叫道："停！停！我们认输！"

见鬼司令认输，喵四郎令旗一挥，鸣锣收兵。

此时再看喵四郎的脸上正是春风得意，而鬼算国王的脸上一会儿发红，一会儿变绿，一会儿又变黑了，脸色不停地变幻着。

第三项该比试刀法了。一声怒吼，从鬼算王国的队伍中跳出20名彪形大汉，手中都握有一把鬼头大刀。而从猫兵队伍中走出20名猫兵，每人手中拿着一把小刀。

两边士兵刚要交手，鬼司令高举双手："慢着！"

喵四郎一脸不高兴，问："又怎么啦？"

鬼司令冲喵四郎一抱拳："猫大王，我方刀手拿的是又重又长的鬼头大刀，而贵方刀手拿的却是又薄又短的小刀片，这也太不成比例了，即使我们胜了，也脸上无光啊！请大王给他们换大一点儿的刀。"

"什么？换大刀？"喵四郎捋了一下自己的猫胡子，"我们的敌人是老鼠，和老鼠作战，用这种刀片足矣，根本就用不着什么鬼头大刀。对不起，我们不用。刀手们，准备——开始！"

喵四郎一声令下，双方刀手刀碰刀，叮当乱响。但是没响几下，就没有了声音，往地上一看，满地都是被削成几段的刀片。猫兵们已经扔掉了手中的刀片，高举双手，做投降状。

"唉！"喵四郎长叹了一口气，"刀不如人哪！认输！下面比试排兵布阵，排阵开始！"

喵四郎一声令下，64名猫兵立刻排出一个8×8的方阵，每名猫兵手中都拿着一件特殊的武器。细看这件武器，后面有一根很长的把，前面是一个猫爪子，有一条绳和后面连接。猫兵一拉绳子，猫爪子就可以不断地伸开和握紧。

鬼算王国的士兵恍然大悟，刚才摔跤时猫兵摔跤手用猫爪子战胜了他们，一想起刚才被猫兵摔跤手挠腋下奇痒难忍的滋味，鬼算王国的士兵个个身上都痒得受不了。

这时突然"喵——"的一声，64名猫兵拿着猫爪子，直奔鬼算王国的士兵而来。鬼算王国的士兵还没来得及排好阵形，就被猫兵冲乱了。猫兵把猫爪子伸进鬼算王国士兵的腋下，拉动小绳，猫爪子就在腋下一伸一缩地挠着，把鬼算王国的士兵痒痒得满地打滚，有能站起来的士兵，也四散逃窜了。

喵四郎站起来哈哈大笑："没想到国王的士兵如此怕挠痒痒。"

鬼算国王满脸羞愧："喵四郎的猫兵果然神奇，用这种特殊武器，采用这种特殊战术，轻而易举地战胜了我国精锐的王牌军，佩服！佩服！"

兵发爱数王国

鬼算国王突然低下头，眼睛里挤出了几滴眼泪。

喵四郎忙问："国王，为何伤心落泪？"

"唉！一言难尽。我们鬼算王国和一个叫爱数王国的国家相邻，本来我们和平相处，相安无事。也不知为什么，他们的爱数王子突然开展了一场灭鼠运动，把他们王国内的老鼠通通打死了。"

"呀，打死了多可惜！这要是捉起来送给我们该多好！"

"谁说不是。我亲口劝说过爱数王子，可惜他不听。他不但不听，反而派军队到我们鬼算王国，要把我们王国内的老鼠也全部打死！"

听到这儿，喵四郎噌地从座位上跳了起来，在空中做了一个空翻："他们怎么这么不讲理？"

鬼算国王又说:"不知何时,他们的爱数王子找来一名小学生,叫杜鲁克。这个杜鲁克来了以后,无事生非,总是挑衅我们。"

"怎能让他们为所欲为?"

"是呀!我也是这样想的。可是打了几仗,我们是每仗必败,打得我们连士兵都所剩无几了。"

听到这儿,喵四郎噌地又从座位上跳了起来,在空中又做了一个空翻:"他们怎么这么厉害?"

"唉!小学生杜鲁克聪明过人,数学特别好,我总是算计不过他。想我堂堂一位以鬼算闻名于世的国王,硬是斗不过一名小学生,丢人哪!真丢人!"鬼算国王说着,又从眼睛里挤出了几滴眼泪。

"哇呀呀——气死我了!"喵四郎把嘴边的猫胡子吹起来老高,"咱们废话少说,我的猫儿们!"

下面的猫兵齐声答应:"喵——"

"跟我讨伐爱数王国!出发!"

"喵——"又是一声答应。随后,猫兵排好队伍,向爱数王国进发。

鬼算国王看到喵四郎上了他的当，乐得直偷偷地擦眼泪。

话说两头，再说爱数王国。

这天，爱数王子和杜鲁克正在屋子里研究数学，忽然胖团长慌慌张张跑了进来，进门先抹了一把头上的汗水："报告爱数王子和杜鲁克参谋长，大事不好啦！要发生大地震啦！"

"什么？"爱数王子吃了一惊，"你是怎么知道的？"

胖团长又抹了一把头上的汗水："是黑色雄鹰飞来报告的，它说看见无数只老鼠向咱们爱数王国飞奔而来。"

"啊！"爱数王子大吃一惊，"既然有大地震，咱们就应该告诉民众，早做准备。"

"报告！"铁塔营长匆匆跑了进来，"大事不好了，白色雄鹰飞来说，黑猫部落的部队一路喵喵叫着，正向我国边境扑来。"

"啊！"爱数王子听了又是一惊，"我们和黑猫部落远日无冤，近日无仇，他们为何来攻击我们？"

　　"王子，黑猫部落的先头部队已经到了我国的边关城下。我们要不要出兵迎战？"五八司令帽子都没戴好，就跑来报告军情。

　　爱数王子一皱眉头："咱们先上城楼，观察观察再说。"说完一挥手，带领在场的官员直接上了城楼。

　　众人从城楼上往下看，只见城下全是猫兵，很多猫兵举着像猫爪子一样的武器。他们一边高举手中的武器，一边喵喵地学猫叫。

五八司令官在一旁问爱数王子："要不要出兵迎战？"

爱数王子想了想，说："知己知彼才能百战百胜，我们必须知道来了多少猫兵，才好出兵迎战。"

"我去问问他们。"五八司令官急急忙忙跑了出去，冲着城下大声问道，"下面的那群猫听着，你们有多少只猫，敢来攻打我们爱数王国？"

来了多少猫兵

喵四郎嘿嘿一阵冷笑："听说你们爱数王国的人，个个都精通数学。我给你出一道题，你要是能算出来，自然就知道我带来多少猫兵。"

"说！"

"竖起耳朵好好听着：把1，2，3，4，5，6，7，……1997，1998放在一起，组成一个很大的数，即：

1234567891011121314……1998

这个大数有多少位，我就带来了多少猫兵。自己算算吧！"

"这个……"五八司令官听了这个问题，傻眼了。他回头一看，看见了杜鲁克，立刻高兴了。他笑着对杜鲁克说："参谋长，你说这道题应该怎样做？"

"这里的位数起着决定作用，把这个大数是由多少个一位数、多少个两位数、多少个三位数和多少个四位数组成，分别算清楚，这个大数的总位数就好算了。"杜鲁克把计算方法告诉了他。

"明白！"五八司令官并不真傻，他边算边写：

从 1 到 1998 共有 9 个一位数，90 个两位数，900 个三位数，999 个四位数。又由于两位数占两位，三位数占三位，四位数占四位，因此，总位数是

$$9 + 2 \times 90 + 3 \times 900 + 4 \times 999 = 6885。$$

"哈哈，我算出来了，你一共带来 6885 名猫兵，对不对？"

"嗯？"喵四郎吃了一惊，"爱数王国的数学水平果然名不虚传。虽然说你们的数学不错，但不知打仗怎么样！你们有胆量的话就派兵出来，咱们先比试比试。"

爱数王子一看，现在是兵临城下，不出兵也不行了，立刻将手中的令旗一举，大喝道："铁塔营长听令，我命你带领大刀连，出城迎敌！"

"唰——"铁塔营长迅速从腰里抽出了大刀:"大刀连的弟兄们,出发!"

猫兵见大刀连的士兵在铁塔营长带领下冲了出来,立刻向后撤退,空出一大块空地。等大刀连的士兵全部出来,猫兵呼啦一声,把大刀连的士兵团团围住。此时喵喵声四处响起,猫兵手拿特殊的武器——猫爪子,攻了上来。

铁塔营长大喝一声:"布阵一!"大刀连动作整齐划一,唰的一声挥臂。猫兵们飞快地把脖子一缩,大刀贴着猫兵的头皮滑了过去。

铁塔营长又大喝一声:"布阵二!"猫兵们不敢怠慢,个个来了个猫扑,从大刀上面翻了过去。

铁塔营长再大喝一声:"布阵三!"大刀朝猫兵的脚狠狠扫去,猫兵们来了个后空翻,躲过了大刀。

铁塔营长一看,怎么这三招不灵了?一气之下,就连着呼喊:"布阵一二三!"心想,我多用几次,看能不能击退你们!谁想到,猫兵个个身轻如燕,又蹦又跳,如燕子点水,休想伤着他们分毫。

铁塔营长刚想缓口气，喵四郎大喝一声："给我狠狠地挠他们！"

"喵——"猫兵齐声答应，一齐用猫爪子挠大刀连士兵的腋下，一边挠一边笑嘻嘻地说："挠哇挠，专挠痒痒肉，痒痒真难受。"

大刀连的士兵哪经历过这种场面，谁受过这种挠法？一个个痒痒得笑声不断，呼爹喊妈，痒痒得东藏西躲，满地打滚。

爱数王子一看大事不好，赶紧下令："鸣锣收兵！"只听城楼上"当、当、当"三声锣响，大刀连的士兵在铁塔营长带领下，飞快撤回城里，只听咣当一声，城门关闭。

爱数王子问铁塔营长："咱们损失大不大？"

"有10名大刀连的弟兄没回来，被猫兵俘虏了。"

爱数王子一跺脚，唉了一声，他转头问大家："谁知道猫兵用的是什么战术？"

胖团长回答："挠痒痒战术呗。"

五八司令官摇摇头："我打了快20年仗了，从没听说有什么挠痒痒战术。"

胖团长不服，反问："那，你说是什么战术？"

"这——"五八司令官也不知道是什么战术。

"喀、喀，"七八大臣咳嗽两声，站了出来，说，"猫兵使用的武器叫猫爪子，是黑猫部落一种独有的武器。通过用类似猫爪子的武器，专挠你腋下的痒痒肉，让你奇痒难忍，从而失去战斗力。"

胖团长双手一拍："怎么样？我说叫挠痒痒战术，你们还不信。"

爱数王子忙问："有什么破解的方法吗？"

七八大臣摇摇头："我只知道有这种战术，至于如何破解它，我还真不知道。"大家都失望地摇摇头。

突然，七八大臣从口袋里掏出一本书："不过，我这里有一本书，叫作《猫大全》，书中详细记载了猫的生活习惯、爱好和缺点。"

"好极了！"爱数王子一把将书抢到了手里，"我们之所以对黑猫部落的挠痒痒战术束手无策，就是因为对黑猫部落了解得太少。有了这本书，我们就可以找到破解他们的方法了。"

"对呀!"大家也恍然大悟。

五八司令官问:"这可是一场智慧的较量,必须找一个头脑聪明、才华过人的人去破解他们。"

七八大臣抢先推荐:"除了咱们的杜鲁克参谋长,还有谁?"

"参谋长!""杜鲁克!""参谋长!""杜鲁克!"在场的人齐声呼喊。

爱数王子立刻把手中的书递给了杜鲁克:"你推辞不了!"

杜鲁克一看这阵势,知道再说什么也没用了。他站起来向大家鞠了一躬:"谢谢大家对我的信任,给我一天的时间,让我把这本书好好研究一下。"

好奇害死猫

杜鲁克拿着《猫大全》跑回宿舍，迫不及待打开书就看。看着看着，他突然从椅子上跳了起来，大叫一声："好极了！"然后撒腿就跑，一边跑一边喊，"我找到了！我找到了！"

大家听到杜鲁克的叫声，都围拢过来："你找到什么了？"

杜鲁克太激动，一时说不出话，他用手指着书上的一行字给大家看。大家定睛一看，只见书上写着："好奇害死猫。"

铁塔营长问："好奇害死猫？有什么用处？"

"既然猫有好奇的特性，我们就可以设下圈套，让猫兵往里钻。"杜鲁克又翻到另一页，"你们看，这里还写着'许多品种高贵的猫天生爱干净，它们有固定的厕所，不在厕所里，宁可憋死，也不随地大小便'。"

胖团长一抹自己的大脑袋："可是打仗的时候，到哪里去找固定的厕所呀？"

"对呀！"爱数王子也明白过来了，"我们利用猫的好奇心，把猫兵引到一个没有厕所的地方，然后把他们长时间围困在那里，由于无处大小便，就可以让他们不战自退。"

爱数王子让杜鲁克亲自来指挥这场"憋尿战役"。杜鲁克点头答应，带着铁塔营长急匆匆走了。

这时喵四郎带着猫兵，还在城外叫阵："爱数王子，怎么刚打一小仗就不敢出来啦？就变成胆小鬼了！"

"开门！出来！别当缩头乌龟！"

猫兵正在叫阵，突然一阵咯吱的声音，城门自己慢慢打开了。但是，半天不见有人出来。

喵四郎十分好奇，这是怎么回事？过了一会儿，从城门上扔下一个吱吱叫的东西，落地就跑，大家一看，是一只大老鼠。有那么多的猫兵，怎么会见老鼠不捉呢？怎么会让老鼠跑掉？一个猫兵眼尖手快，突然一个猫扑，就把老鼠扑在手里。

这时从城门上飘飘悠悠落下一张字条，猫兵拾起来交给了喵四郎。

喵四郎见字条上写着：

我准备好了 $m×n$ 只大老鼠，刚刚扔下去的就是样品，怎么样？够大、够肥吧？$\frac{m}{n}$ 是一个分数，如果分子加上 1，这个分数就等于 1；如果分母加上 1，这个分数就等于 $\frac{8}{9}$，只要算对了有多少只大老鼠，就进城来拿吧!

爱数王子

喵四郎看完字条, 倒吸一口凉气:"爱数王子会不会在耍什么阴谋诡计? 可是这 $m×n$ 只大老鼠挺诱人的。怎么办? 好奇和冒险是我们黑猫部落的特性, 不冒险怎么会成功?"

喵四郎一回头看见了自己的心腹灰丑丑, 便对他说:"灰丑丑, 你把这 $m×n$ 只大老鼠有多少算出来, 然后你带领 $m+n$ 名猫兵进城, 把 $m×n$ 只大老鼠取出来!"

"是!" 灰丑丑立刻开始计算 $m×n$ 是多少。怎么算呢? 他边想边写:$\frac{m}{n}$ 是一个分数, 如果分子加上 1, 这个分数就等于 1。分子加上 1 就是 $m+1$, 这个分数就等于 1, 就是分子和分母相等, 也就是 $m+1=n$。算到这儿, 灰丑丑很得意, 两手一拍, 大叫一声:"有了。"

灰丑丑接着算。

如果分母加上 1，就是 $n+1$，这个分数就等于 $\dfrac{8}{9}$，也就是 $\dfrac{m}{n+1} = \dfrac{8}{9}$。交叉相乘就是 $9m = 8n + 8$。

由于 $n = m + 1$，所以 $9m = 8(m+1) + 8$
$$= 8m + 8 + 8$$
$$m = 16$$

n 也算出来了，$n = m + 1 = 16 + 1 = 17$。

这样一来，$m \times n = 16 \times 17 = 272$，$m + n = 16 + 17 = 33$。

"哈哈！我算出来了，有 272 只大老鼠，我可以带 33 名猫兵进城去取。"

喵四郎激动地说："有近 300 只大老鼠，值得去拿！灰丑丑，立刻带领 33 名猫兵进城去取！"

"是！"灰丑丑一马当先，带领猫兵小心翼翼地进了城。城里静悄悄的，一名爱数王国的士兵也没有。

猫兵手里拿着猫爪子，一边小心地向前搜索有没有老鼠，一边防备着有爱数王国的士兵冲出来。

突然，一名猫兵指着一口大缸，说："灰丑丑，快看，这里有一口大缸，里面有水。"猫兵们从黑猫山一路赶来，连一口水都没来得及喝，个个都口渴得很，听说大缸里有水，都争先恐后跑过去。灰丑丑怕有诈，先派一名猫兵试了试，真的是水。于是，一大缸水，33人喝，一会儿就喝光了。猫兵们个个抹着嘴叫喊着："水太少，没喝够！"

猫兵又往前走了一段，看到路边放着几口大锅，锅里装有红色的液体，发出阵阵果香。

一名猫兵好奇地问："这是什么？怎么有阵阵果香啊？"

另一名猫兵说："你不会尝尝！"

"对，尝尝。"这名猫兵像猫一样，把头伸进大锅里，用舌头舔食红色液体，突然他大叫，"好喝！是果汁，真好喝！"

他这么一叫，其他猫兵也跑到几口大锅前，同样用舌头舔食红色液体，边喝边叫好。不一会儿，几大锅的果汁，全让猫兵喝完了。猫兵继续往前搜索老鼠，他们又喝光了几桶绿色的菜汁，喝得猫兵个个肚子滚圆。

突然，灰丑丑打了一个寒战，想小便。他又打了一个寒战，觉悟到自己上了敌人的当了：我们猫人严格遵守高贵猫的生活习惯，只能使用特定的厕所。不在厕所里，宁可憋死，也不随地大小便。现在是在爱数王国的境内，到哪里去找我们专用的厕所？

忽然，听得一声呐喊："灰丑丑，你们还不举手投降！难道真想让尿憋死？"灰丑丑回头一看，周围突然呼啦啦出现了许多爱数王国的士兵，个个手拿武器。铁塔营长威风凛凛地站在一个高台上喊话。

"兄弟们，咱们上当了，赶紧向外冲！"灰丑丑说完带头向外冲。

这些猫兵喝了一肚子水、果汁和菜汁，不活动还好，一跑起来就不成了，立刻想上厕所。可是周围又没有为他们准备的厕所，没有厕所又不能小便，这可怎么办？这群猫兵憋得哭爹喊娘，有的憋得满地打滚，痛苦异常。

铁塔营长看时机已到，就大声喝道："猫兵听着，我们给你们修了专用的厕所，想上厕所的，放下手中的武器，双手高举过头顶，排成一排，在我的士兵引导下去上厕所！"

听了铁塔营长的话，猫兵乖乖地放下手中的猫爪子，高举双手，排成一排，龇牙咧嘴，在爱数王国的士兵带领下去了厕所。

谁更有智慧

爱数王子登上了城楼，对城下的喵四郎说："猫大王，你俘虏了我的10名士兵，我俘虏了你的33名士兵，外加你的重要首领灰丑丑。我愿意用他们换回我的士兵。"

喵四郎听说把灰丑丑还给他，立刻答应了。不一会儿，听到一阵鼓声，城门打开，灰丑丑带领33名猫兵走了出来。10名爱数王国的士兵也回到了城里。

喵四郎怒斥灰丑丑："你们为什么会被人家俘虏？"

灰丑丑答道："因为爱数王国里面没有咱们猫人专用的厕所，士兵们口渴，喝了许多饮料，没有地方小便，只好投降。"

喵四郎点点头："看来你们是中了杜鲁克的计了！灰丑丑，你赶紧带人在周围修几个专用厕所。没有我的命令，不许喝爱数王国的饮料！"

"得令！"灰丑丑答应一声，赶紧去办。

喵四郎冲城楼上叫道："杜鲁克听着，我听许多人夸你，说你足智多谋，今日一见果然了得，我喜欢。咱俩干脆来一次斗智，你敢不敢？"

杜鲁克点点头："正合我意！你说说，咱俩怎么个斗智法？"

"你和我各摆一个阵，我带领猫兵闯你的阵；同时，你带士兵闯我的阵。谁先闯出了阵，谁就算赢！给一小时时间摆阵，一小时后听三声炮响，开始攻阵！"

一小时很快就过去了，忽听得"咚咚咚"三声炮响，喵四郎知道时间已到，只带了9名猫兵和灰丑丑，朝城门走去。

三脚猫慌忙站出来："大王，你只带这么几名猫兵去闯阵，是不是太少啦？"

喵四郎笑了笑："这次是斗智，斗的是智慧，不需要带多少兵。"他带领10名猫兵顺利地进了城。

前面出现了4扇小门，每扇门上都写着一个6位数，分别是：100100，100708，188280，100609。

小门前面有一个牌子，上面写着：

　　4扇门中有3扇门里分别是水、火、风，只有一扇门里有11只大老鼠。有老鼠的门上写着ABBCBD。其中相同的字母代表相同的数字，不同的字母代表不同的数字。已知这6个数字之和等于16，A是任何整数的约数，B不是任何整数的约数，C是质数，D是合数。想进哪扇门，自选。

　　喵四郎嘿嘿一乐："那还用问？当然是捉老鼠。灰丑丑算一下，看看ABBCBD是哪扇门？"

"喵！"灰丑丑开始计算，"因为1是任何整数的约数，所以$A=1$。因为只有0不是任何整数的约数，所以$B=0$。又因为6个数字之和等于16，所以$A+B+B+C+B+D=16$，也就是$1+0+0+C+0+D=16$，即$C+D=15$。可是怎样算C和D呀？"

喵四郎提醒："从2到9这8个数字中，有哪2个数字相加等于15？"

"啊，$7+8=15$，是7和8！"

"还有！"

"$6+9=15$，也可能是6和9哇！这可怎么办？"灰丑丑又没了主意。

"再看看题目的条件。"

"题目还有，C是质数，D是合数。符合条件的4个数：6、7、8、9中只有7是质数，$C=7$，D只能是8了。我算出来了，$ABBCBD$是100708。"灰丑丑欢呼着朝写着100708的门跑去。

另外9名猫兵怕分不到老鼠，也欢呼着朝写着100708的门跑去。

"排好队！"灰丑丑指挥9名猫兵排成一排，然后猛地拉开门，看到里面有11只大老鼠头朝外齐刷刷地排成一排。大老鼠看见门开了，立即唰的一声，全部转了180度，屁股朝外。只听砰的一声，11只大老鼠同时放了一个屁，此屁奇臭无比，灰丑丑和9名猫兵大叫一声，纷纷翻身倒地。

喵四郎见状大吃一惊："不好，中计啦！"说完就往城外跑，连蹿带蹦逃了出去。

杜鲁克也不追赶，对喵四郎说："该你排阵，我来攻了！"

"好！"喵四郎满口答应，可是转念一想，又提出一个要求，"你们必须先把灰丑丑和我的9名猫兵放出来。"

爱数王子痛快地答应："没问题，马上就放。"

喵四郎冲爱数王子一抱拳："谢谢了！"

过了一会儿，喵四郎指挥猫兵排出一个四四方方的正方形阵，然后对爱数王子大声说："我的奇阵已经摆好，请爱数王子下来攻阵。"

爱数王子答应："好，这就下去！"

爱数王子闯奇阵

　　爱数王子和杜鲁克两人，下了城楼去闯这个方阵。猫兵让出一条通道，当两人走进方阵后，猫兵立刻把通道封死。

　　爱数王子定睛一看，见前面、左面和右面各立着一个牌子，上面各画了5个圆，有的还有数字。

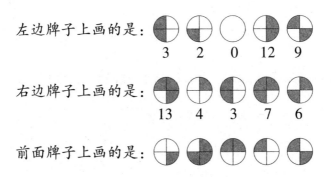

左边牌子上画的是：
$\quad\quad$ 3 $\quad$ 2 $\quad$ 0 $\quad$ 12 $\quad$ 9

右边牌子上画的是：
$\quad\quad$ 13 $\quad$ 4 $\quad$ 3 $\quad$ 7 $\quad$ 6

前面牌子上画的是：

　　前面的牌子下面没有数字，却写着：

你要根据左、右两面牌子上的规律，写出前面牌子上应该有的数字。写对了，你就可以顺利地走出这个方阵，否则，你俩将永远留在这个方阵中。

　　爱数王子嘿嘿一笑：“看来咱俩可能会留在这里，陪喵四郎捉老鼠喽！”

　　杜鲁克一捏鼻子：“我才不想呢！”

　　“可是喵四郎出的这个问题够难的，又是图，又是数字，应该从哪儿入手考虑呢？”

　　“为了不留下来陪他们捉老鼠，咱俩一定要把这个问题给解出来！”杜鲁克决心已定，说到做到。他眼睛盯住3个牌子，一句话也不说，积极思考。

　　杜鲁克看了很长时间，爱数王子在一旁催促：“怎么样？看出点儿门道没有？”

　　“有门。”杜鲁克在地上边画边说，“你看，

表示 0，⊕表示 2，⊕表示 4，这样⊕就应该表示
2+4=6。"

爱数王子点点头，"对，⊕就是表示 6，有门儿！
接着算。"

"由于⊕表示 3，而⊕表示 2，3-2=1，所以
⊕表示 1。"

爱数王子抢着说："我明白了，⊕表示 9，⊕
表示 1，所以⊕就是 9-1=8，表示 8。"

"对极了，只要我们知道 ○⊕⊕⊕⊕分别

表示：

0，1，2，4，8

我们就可以通过加加减减，得到前面牌子上5个圆圈表示哪5个数了。我把它们写出来。"说着杜鲁克跑到前面的那个牌子前，在5个圆圈下面填上5个数：

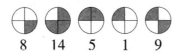

8　14　5　1　9

喵四郎点点头："杜鲁克果然不一般，这么复杂的问题也难不倒他，看来我要认真对付他了！不过，人家既然破解了咱们的方阵，就放他俩出阵吧！"

"慢！"灰丑丑站出来拦阻，"大王，不能就这样把他俩放了。你要知道放贼容易，擒贼难。他俩已经被咱们围在方阵里面了，这多不容易呀，怎能轻而易举地把他俩放了呢？"

"依你之见？"

"把他俩抓起来，然后和爱数王国谈判，责令他们交出更多的老鼠!"

喵四郎一拍灰丑丑的肩膀:"好主意!"接着发布命令,"组成方阵的猫兵们听令,立即发动进攻,把爱数王子和杜鲁克给我拿下。"

"喵!"猫兵们挥舞着手中的特殊兵器猫爪子,向爱数王子和杜鲁克扑来。

爱数王子赶紧拔出自己的佩剑,叮叮当当,和猫兵们打在了一起。

猫兵的猫爪子十分厉害,先上来一只猫爪子抓住杜鲁克。

"啊!"杜鲁克大叫一声,赶紧往爱数王子身边靠。但是,爱数王子手中的宝剑也被几只猫爪子死死抓住,动弹不得。爱数王子用力抽宝剑,想摆脱这些猫爪子,奇怪的是你越用力往外抽宝剑,猫爪子抓得越紧。突然一声喊:"拿过来吧!"爱数王子手中的宝剑噌的一声,飞向了天空。

喵四郎哈哈一笑:"怎么样,二位举手投降吧!"

爱数王子一点儿也不惊慌,他把右手的大拇指和食指捏成一个圆圈，放在口中"吱——"的一声，吹了一声很响的口哨。刹那，就听到空中响起"咕——"的一声长鸣，一白一黑两只雄鹰从天而降，白鹰抓住爱数王子，黑鹰抓住杜鲁克，又是"咕——"的一声长鸣，平地而起把爱数王子和杜鲁克带上了天空。

喵四郎被突如其来的两只雄鹰惊呆了，他们都不会飞，没法对付雄鹰。喵四郎恼羞成怒，双手伸向天空，大喊道："给我攻城！踏平爱数王国！"

猫兵们齐举猫爪子，叫喊着："冲啊！"向城门攻来，他们架起云梯，想攻上城墙。

忽然，就听城门咯咯吱吱一阵响，城门慢慢地打开了。

灰丑丑首先看见城门开了，便急忙对喵四郎说："大王，你看，城门开了，咱们攻进去不？"

"慢！"喵四郎一摆手，"杜鲁克诡计多端，他自己打开城门，会不会是阴谋？"

此时鬼算国王从后面赶了上来，他一看城门已开，喵四郎却犹犹豫豫，这么好的机会不抓紧，更待何时？

想到这儿，鬼算国王紧走几步，来到喵四郎跟前："猫大王，他们会有什么阴谋？只要咱们攻进城去，你也看到了，我们有猫爪子这种神秘武器，爱数王国的士兵根本不是咱们的对手，咱们一鼓作气就把爱数王国给攻占了！大王，机不可失，时不再来呀！"

喵四郎眼珠一转："既然这样，请鬼算国王和我一起攻进城去如何？"

鬼算国王倒吸一口凉气，心想："好厉害的喵四郎，他要找一个垫背的。看来，我要不进去，他肯定不进去。唉！舍不得孩子套不住狼。"

"嘿嘿。"鬼算国王奸笑着对喵四郎说，"猫大王，我年老体衰，打起仗来，已经力不从心了。我看这样，让我的儿子鬼算王子陪你攻进城去，我在城外做个接应，你看如何？"

喵四郎低头想了一下："好吧，那就有劳鬼算王子了，请王子与我并行。"

鬼算国王心里明白，这是怕鬼算王子半路跑了。鬼算王子跟着喵四郎往城里冲。

进城之后，城里静悄悄的，看不到一名爱数王国的士兵。喵四郎自言自语着："嗯？难道人都跑光了？不好，这里有诈！"他刚想下令撤兵，就听到一阵清脆的马蹄声，嗒嗒嗒！一匹枣红色的马跑了过来，马背上驮着一块木板，上面写着：

猫大王阁下：

　　既然进了城，就别忙着出去。城里为你安排了许多好看好玩的游戏，如果你不享受一下，就太可惜了！请跟着马走。

爱数王子

俗话说，好奇害死猫。喵四郎听说里面有好看好玩的游戏，好奇心就控制不了啦！

尽管鬼算王子提醒他，不要上爱数王子的当，喵四郎还是带领猫兵，跟着枣红马走了。

走到一棵大树下，枣红马停下了。这时从大树上降下一块黑板，上面用大字写着："猜数游戏，猜中有奖，奖品为10只大老鼠。"

下面就是题目："这里写着7个数：10，11，12，13，14，15，16。每次任意擦去其中的两个数，再写上两个数的和减1后所得的数，比如擦去11和15，由于11+15−1=25，所以要写上25。经过几次这样的操作，最后只剩下一个数，问这个数是几？算不出来，就看背面。"

喵四郎低头琢磨这个问题，他想，这个问题最难思考的就是"任意擦去其中的两个数"，这随意性太强了。怎么解决呢？他回头看到了鬼算王子，便对鬼算王子说："我听说王子的数学非常好，王子帮忙算算这道题，算出来奖品分你一半，给你5只大老鼠！"

鬼算王子听到大老鼠，浑身直哆嗦，连连摇头说："老鼠我是不要，咱俩一起来解这道题吧！每次少了两个数，再加上一个数，算起来，做一次操作，7个数就少了一个数。"

喵四郎点点头："是这么个道理。这样，做6次操作就只剩下1个数了。"

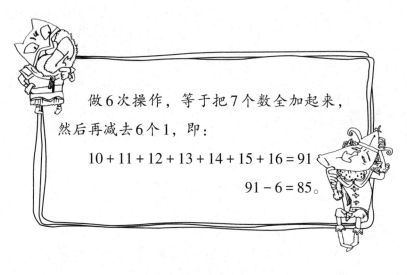

做6次操作，等于把7个数全加起来，然后再减去6个1，即：

$$10 + 11 + 12 + 13 + 14 + 15 + 16 = 91$$

$$91 - 6 = 85。$$

鬼算王子兴奋地一举拳头："我算出来了，最后剩下的数是85。"

鬼算王子刚刚说出答案，只听哗啦一声，从树上掉下10只活蹦乱跳的大老鼠，有一只恰好掉在鬼算王子的脖子上，把鬼算王子吓得大叫一声，撒腿就跑。

喵四郎手里接到一只大老鼠，看到鬼算王子的狼狈状，哈哈大笑起来。喵四郎一笑，引得众猫兵也跟着哈哈大笑起来，弄得鬼算王子十分尴尬。

痒痒变烧烤

喵四郎和猫兵们正笑得前俯后仰，只见铁塔营长带着上百名士兵，把他们团团围住。奇怪的是大热天，这些士兵人人都穿着皮袄和皮裤。喵四郎把手一挥，喊了一声："上!"猫兵们高举猫爪子冲了上去。

铁塔营长举起手中的剑，大喊一声："冲啊!"带着士兵迎了上来。剑碰到猫爪子，叮叮当当的响声不断。双方你来我往，打了个平手。

鬼算王子趁机溜了。

突然，喵四郎"喵喵喵喵"连叫四声："挠他们的腋下，挠他们的痒痒肉!"

"是!"猫兵知道这是喵四郎下的命令，大家齐把猫爪子迅速伸进爱数王国士兵的腋下，嘴里喊着，"痒痒，痒痒。"手里不断拉动猫爪子。按照以往的经验，拉动这么多下猫爪子了，爱数王国的士兵早应该痒痒得满地打滚了。可是，今天士兵们根本就无动于衷，却一剑紧似一剑地砍了过来，好几名猫兵已经中剑受伤。

喵四郎见状大惊失色，这是怎么回事？难道我的猫爪子不管用了？他再一看爱数王国士兵身上穿的皮袄和皮裤，突然明白了。隔着厚厚的皮袄和皮裤，猫爪子根本就挠不着士兵的痒痒肉。

喵四郎一看大事不好，又"喵喵喵喵"连叫四声，接着命令："撤退！"猫兵火速后退。

"唉！"喵四郎坐在地上，深深地叹了一口气。灰丑丑走过来，说："大王，不要叹气。俗话说，兵来将挡，水来土掩。他们穿皮袄和皮裤，咱们就想办法破坏他们的皮袄和皮裤。"

听灰丑丑这么说，他肯定是有办法的。喵四郎来了精神，从地上一跃而起，忙问："你有什么好办法？"

灰丑丑趴在喵四郎的耳朵上，嘀嘀咕咕说了半天。喵四郎边听边点头，脸色由灰暗转为光亮，最后双手啪地一拍："就这么办了！"

灰丑丑打开大门，用手向外一指，大喊一声："冲啊！"猫兵们端着红红的猫爪子冲出了大门，见到爱数王国的士兵，就把烧红的猫爪子伸进士兵的腋下，立刻就冒起白烟，同时闻到一股烧焦的气味。再看爱数王国的士兵，个个有火点，吓得士兵赶忙脱下皮袄，嘴里还呜哇乱叫。

铁塔营长见状忙问："兄弟们，你们又痒痒得受不了啦？"

士兵们回答："营长，这次不痒痒了，变烧烤啦！"说完，爱数王国的士兵哗啦一声，就败退下来。猫兵哪肯罢休，端着烧红的猫爪子在后面猛追，一直追到一条小河边。爱数王国的士兵纷纷跳下河，猫兵才停止了追赶。

爱数王子听到败退的消息，倒吸了一口凉气："啊？喵四郎能出如此狠招，咱们更要多动脑筋才行。"说完转头问杜鲁克，"你说呢？"

这时士兵来报，说喵四郎领着猫兵向王宫方向打来，嘴里还喊着："踏平王宫，捉住爱数王子和杜鲁克。"

杜鲁克想了一下，说："喵四郎打了胜仗，肯定会乘胜追击，咱们必须想办法打击他一下。"杜鲁克停了停，问爱数王子，"你说黑猫部落无缘无故来攻打咱们，是什么原因？"

爱数王子回答："那还用问！肯定是鬼算国王捣的乱，他打不过咱们，就把善战好斗的黑猫部落拉出来，和咱们斗。"

杜鲁克点点头："你说的一点儿也没错，肯定是鬼算国王捣的鬼。如果只打黑猫部落，不公平。"

"你说应该怎么办？"

杜鲁克小声对爱数王子说："咱们想办法，把黑猫部落的攻击矛头引向鬼算王国，让他们看清真相。"

爱数王子听了杜鲁克的一番话，噌的一下蹿起来老高，嘴里喊着："太好了，这主意太高了，你快说说怎么做？"

"鬼算王国挨着咱们最近的地方是哪儿？"

"是野狼谷，那里鬼算国王放养了大批野狼，目的就是对付咱们！"

"让喵四郎带着猫兵去野狼谷，让他们演出一场猫兵大战野狼！"

"好！可是如何把喵四郎引进野狼谷？"

"兵不厌诈。你忘了，猫人还有一个特点是……"

"好奇！好奇害死猫！"

"对极了！"两人各伸出右手，啪地对击了一下。

猫兵大战野狼

　　喵四郎带领猫兵，一路寻找爱数王国的王宫，想活捉爱数王子和杜鲁克，好在鬼算国王面前显示黑猫部落的厉害。但是，他对爱数王国的路不熟，东走走，西串串，也找不到王宫，走着走着就迷了路。

　　喵四郎走了一头汗，回头看看，猫兵也累得个个蔫头耷脑。喵四郎一举手："原地休息！"回头对灰丑丑说，"你去探探路！"

　　"喵！"灰丑丑答应一声，转身跑了。

　　没过一会儿，灰丑丑又匆匆跑了回来："大王，我发现前面有一个岔路口，往左有一条路，往右还有一条路，不知应该走哪条路？"

　　"走，过去看看。"喵四郎跟着灰丑丑跑了过去。

果然看到了岔路口，喵四郎左看看，右看看，也拿不准走哪一条路。突然，从一棵大树上，飘飘悠悠落下一张字条。喵四郎捡起来，看到上面有几行字：

　　　　现有10个茶杯都是口朝上地摆在桌子上，规定从最左边的茶杯开始，每次按顺序向右翻动其中9个茶杯，共循环翻动10次，能否把茶杯的底全部翻得朝上？如果你回答可以，你就走左边的那条路；如果你回答不可以，你就走右边的那条路。记住：走对了有老鼠抓，走错了遭野狼咬。

　　灰丑丑摇摇头："连一个茶杯也没有，让咱们怎样翻哪？"
　　喵四郎瞪了灰丑丑一眼："没有茶杯，就不能靠想象吗？"
　　"没有茶杯，让我想象什么？"

"实际上，这是一个奇偶数问题……"

每次翻动9个茶杯，一共循环翻动了10次，总共翻动了 $9 \times 10 = 90$ 次，每个茶杯都被翻动了9次。如果茶杯被翻动偶数次，杯口方向应该不变；如果茶杯被翻动奇数次，杯口方向与原来相反。这里每个茶杯都被翻动了9次，因此底全部朝上。

"这么说，是可以办到的。咱们应该走左边那条路了，走！"灰丑丑带头走向左边的那条路。

路还挺长，走着走着，天就黑了，周围的景物看起来就模模糊糊了。再往前走了一阵子，天完全黑了，伸手不见五指。

突然，前面出现了许多绿色的小灯，一闪一闪的。喵四郎"喵——"地叫了一声，示意大家停止前进。他小声对灰丑丑说："你到前面看看是怎么回事。"

"喵!"灰丑丑答应一声,撒腿就往前面跑去。

没过多会儿,就听到:"救命啊!"随着一声呼喊,灰丑丑飞快地跑了回来,许多绿色的小灯在后面紧紧追赶。猫兵们手拿猫爪子在喵四郎周围围成一圈,保护着喵四郎。

等绿色的小灯跑近,大家才看清楚,原来绿色的小灯是野狼的眼睛。

野狼群见到猫兵,"嗷——"的一声吼,扑了上来。猫兵挥动手中的猫爪子和野狼展开了战斗,一时猫叫、狼嚎,十分热闹。

忽然,一只高大的野狼看准了灰丑丑,悄悄地绕到了他的背后,"嗷"的一声叫,就扑了上去。

灰丑丑可不是一般人,不但武艺高强,还足智多谋。他伸出双手,紧紧抓住野狼的前腿,猛地来了一个背口袋,把野狼狠狠地砸晕了。

另一只野狼直扑喵四郎。喵四郎大喊一声:"来得好!"他一低头,让过野狼的前半身,然后用双手

猛地抓住野狼的两条后腿，像掷链球一样，把野狼抡了起来，一圈、两圈、三圈……越抡越快，突然一撒手，野狼像火箭一样呼的一声就飞了出去。砰的一声，野狼的头撞在一棵大树上。

打了足有一顿饭的工夫，野狼受伤很多，猫兵也受伤不少。这时，只见一匹又高又壮的大灰狼，把嘴顶在地上，"嗷嗷——"连叫两声，声音非常低沉，在远处都响起了回音。

没过多久，就听见阵阵狼嚎声，只见无数绿色的小灯向这里快速奔来。

喵四郎一见，大喊一声："不好！野狼群来了，快跑！"猫兵们扭头就跑。野狼群在后面紧追不舍。

灰丑丑回头看了看说："大王，咱们跑不过野狼，怎么办？"

喵四郎眼珠转了转，下令："爬树，都爬到树上去，野狼不会爬树！"

猫兵们爬树的身手十分敏捷，噌噌噌地就爬到了树顶。狼群围着大树又挠又啃，可是爬不上去呀！

现在变成了树上喵喵叫，树下嗷嗷吼，树上的不敢下来，树下的上不去，双方相持不下。

回头再说说鬼算国王。鬼算王子先一步回来报信，说喵四郎领着猫兵，已经攻进了爱数王国的腹地，正朝着爱数王国的王宫前进。鬼算国王听了就像喝了蜜糖水，心里别提有多舒服了。他坐在龙椅上，和鬼算王子谈笑风生，就等喵四郎攻占王宫的胜利消息。

突然，鬼机灵慌慌张张地跑了进来："报告国王，大事不好了！"

鬼算国王站起来问："何事如此惊慌？"

"不知为什么，喵四郎领着猫兵闯进了野狼谷，打伤了野狼无数！"

"啊！"鬼算国王听了鬼机灵的报告，一屁股瘫坐在了龙椅上，双唇颤抖。

损失惨重

　　鬼算王子吓坏了："父王，父王，醒醒！"他一边叫着，一边掐鬼算国王的人中。

　　过了很久，只听鬼算国王喉咙里咕噜响了一声，鬼算国王慢慢睁开眼睛，轻轻地说："我亲爱的野狼，那是我一只鸡一块肉精心喂养多年的野狼啊，是专门用来对付爱数王国的，心疼啊！心疼死我啦！呜——呜——"说着说着便大声哭了起来。

　　突然，鬼算国王停止了哭泣，呼的一声坐了起来，两眼放着凶光，大声问："喵四郎是攻打爱数王国的王宫的，怎么跑到我的野狼谷来了？是谁把他们引到了野狼谷？"

　　周围没有一个敢回话的。

　　"走，咱们去野狼谷看看去！"鬼算国王迅速跳了起来，走出王宫，骑上一匹快马，向野狼谷奔去。鬼算王子、鬼机灵等人在后面紧紧跟随。

到了野狼谷，见到了喵四郎。鬼算国王赶紧下马，紧紧握住喵四郎的手，问道："你怎么跑到野狼谷来了？"

喵四郎就把事情的经过讲了一遍，鬼算国王听了一跺脚："唉！你们上了杜鲁克的当了。他使用了'指东打西'的策略，你们当时走右边那条路就对了，那条路直通爱数王国的王宫。"

"哇呀呀！"喵四郎大叫一声，原地转了三圈，"我这次损失惨重，我必须抓住杜鲁克，否则难解我心头之恨！"

鬼算国王带着哭音，说："我的损失更大！"说着从口袋里掏出一个哨子，递给鬼机灵："你去把野狼集合起来，看看损失了多少只。"

鬼机灵接过哨子，用力吹了起来。说也奇怪，那些野性十足、桀骜不驯的狼，听到哨子声，乖乖按照红色、黑色、灰色和棕色4种不同的颜色，分为4群，有序地排好队。鬼机灵分别点了数。

鬼机灵对鬼算国王说："报告国王，经过清点，红色、黑色、灰色和棕色4种不同颜色的野狼，每前一种都比后一种多损失1只野狼。将4种不同颜色野狼的损失数相乘，得3024只。"

喵四郎十分好奇："到底损失了多少只野狼？为什么不直接说出来，还要编成一道数学题呀？"

鬼算国王先嘿嘿干笑了两声才回答说："这个奥秘，我只能告诉你。你知道，我们的敌对国是爱数王国，他们国家的数学都非常好。我们要和他们斗争，就要不断地提高自己的数学水平。我要求我的部下不能直接回答我的问题，必须把要回答的问题编成数学题。一来能提高数学水平，二来可以保密。数学不好的，不可能知道回答问题的内容。"

"高、高，实在是高！"喵四郎佩服地连竖大拇指。他又问："到底损失了多少只野狼啊？"

鬼算国王看了一眼鬼算王子："给猫大王算出来！"

鬼算王子怯生生地望着父王的脸："这个问题应

该从哪儿入手?"

"这里给了乘积是3024, 而这个乘积是4个数相乘的结果, 你现在要找出这4个数, 想想应该怎么办!"

"这个——"鬼算王子用手拍了拍自己的脑门儿, 忽然说, "我知道了, 我记得你告诉过我, 遇到这种情况, 首先要把乘积进行分解, 分解成质因数的连乘积。"说着就在地上写出：

$$3024 = 2 \times 2 \times 2 \times 2 \times 3 \times 3 \times 3 \times 7$$

鬼算王子做到这儿，又卡壳了，不知道往下应该怎样了，用手一个劲儿地摸脑袋。

鬼算国王提示："把这8个因数想办法分成4组，变成4个数，使这4个数，依次相差1。"

鬼算王子连连点头，在地上把这8个数左调右挪，一通搭配。搭配了好半天，他突然大叫一声蹦了起来："我成功啦！"说完，在地上写出：

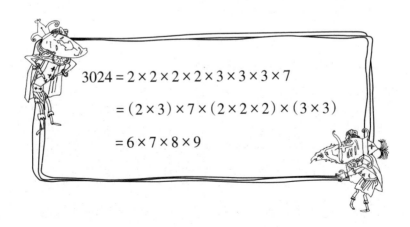

$$3024 = 2 \times 2 \times 2 \times 2 \times 3 \times 3 \times 3 \times 7$$
$$= (2 \times 3) \times 7 \times (2 \times 2 \times 2) \times (3 \times 3)$$
$$= 6 \times 7 \times 8 \times 9$$

鬼算国王的脸色突然变得十分阴沉:"看来,红狼、黑狼、灰狼和棕狼分别损失了6只、7只、8只和9只。合起来有30只野狼啦,真让我心疼啊!"

黑猫部落和鬼算国王咽不下这口气,稍事休息后,便向爱数王国发起了偷袭,可是刚出发就被有所准备的爱数王国的冲锋队包围了。

"给我冲!"喵四郎命令猫兵们。

"喵!"猫兵整齐地答应一声,举起猫爪子向冲锋队猛冲。冲锋队的队员训练有素,见猫兵像潮水一般涌上来,并不慌张。铁塔营长把15名士兵分成三组,每组5名。三组轮流抵抗猫兵的进攻。由于冲锋队的队员个个武艺高强,拼死抵抗,以一当十,猫兵虽多,但在一个狭窄的过道中战斗,人多了反而施展不开。

最先看出问题的是灰丑丑,他对喵四郎说:"大王,他们冲锋队把队员分成了三拨,轮流和咱们战斗,士兵可以轮流休息。可是咱们的猫兵自始至终在战斗,得不到休息。时间一长,猫兵必然非常劳累,疲惫之师必败无疑！"

喵四郎点点头，表示同意，问道："灰丑丑，你说怎么办？"

"咱们以其人之道还治其人之身，也把猫兵分成三部分，也让他们轮流去攻击冲锋队！"

"好！"喵四郎用力地鼓了一下掌，"就这样办。你去把猫兵分成三部分，让他们轮流去攻击。"

灰丑丑突然又想起一个问题："为了不让冲锋队摸清咱们进攻和休息的规律，让三部分猫兵攻击的时间各不相同，让他们每次固定攻击时间为4分钟、5分钟和6分钟。当第一部分攻击到4分钟时，他们马上撤回来休息；他们休息时，第二部分和第三部分的猫兵仍在继续攻击；到了5分钟，第二部分赶紧撤回来休息，第一部分和第三部分仍在战斗；到了6分钟，第三部分撤回来休息，第一部分和第二部分仍在战斗。这样前方总有大部分的猫兵在战斗。"

"好主意！这样既有大部分的猫兵在作战，也随时有小部分猫兵在休息，马上照这个方案执行！

喵——喵——喵——喵。"喵四郎连叫四声，这是最高命令。三部分猫兵共同发起进攻。

4分钟到，第一部分猫兵撤下来；5分钟到，第二部分猫兵撤下来……一切都很顺利。时间到了120分钟，猫兵眼看就要把冲锋队彻底打败了，突然三部分猫兵一齐向后转，全回来休息，前线一个猫兵也不见了。几名冲锋队的士兵趁机冲过来，一名士兵挥剑冲向喵四郎。

头上掉了好几根猫毛

喵四郎大吃一惊，立刻来了个"缩颈藏头式"，剑嗖的一声擦着头皮飞了过去，削掉了好几根猫毛。他大叫："我的妈呀！差点儿要了我的小命！"

他回头对灰丑丑叫道："怎么回事？三部分猫兵怎么都撤回来了？没人打仗啦？"

灰丑丑摸摸脑袋："奇怪呀？我设计得天衣无缝，怎么会出现三部分都撤回来的空当期呢？"

突然他一拍大腿："啊！我怎么忘记了最小公倍数了呢?"

> 　　4，5，6三个数没有公因式，它们的最小公倍数就是4×5×6＝120。到了第120分钟时，三部分猫兵都到点该休息了。按照这个规律，每隔120分钟，三部分猫兵就会共同回来休息。

　　这时就听爱数王子发布命令："胖团长，你带领30名士兵分三个方向，每个方向10人进攻喵四郎，相邻的两个方向夹角为120度，务必要捉住喵四郎和灰丑丑。"

　　"是!"胖团长行了一个举手礼，转身就去召集士兵去了!

　　由于爱数王子说话声音很大，他所说的一切，喵四郎和灰丑丑听得一清二楚。

喵四郎问灰丑丑:"刚才冲锋队的队员这么一冲,把咱们的猫兵都冲散了,我数了一下,现在在咱们周围加上你和我才28个人,他们派来30名士兵,你说怎么办?"

"嗯——"灰丑丑低头想了想,"可以这样:爱数王国不是三个方向来进攻吗?我们就排一个有三条放射线的阵,每条线上也恰好10名猫兵,这样每个方向和他们人数相同。他们想捉咱俩,没门儿!"

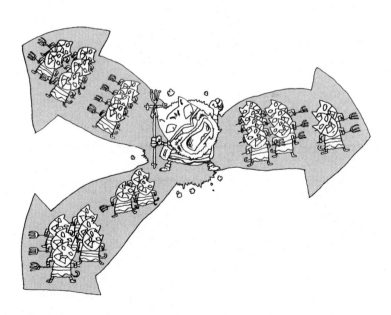

"对！"喵四郎转念一想，"可是咱们实际上只有28名猫兵，怎么能让每条线上都有10名猫兵呢？"

"关键在于排法，我给大王画张图。"灰丑丑说完，在地上画了张图。

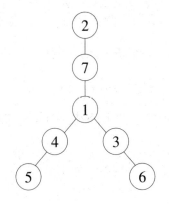

喵四郎看着这张图，直皱眉头："中间圆圈里的1是什么意思？"

"中间的圆圈里的1就是您哪！您作为猫兵的统帅和核心，要同时指挥三条战线的战斗，您必须处在放射线阵的中央。"

"那是当然！可是，为什么每条线上的士兵排列都不一样?"

"这正是放射线阵的奥妙。如果每条线都很明显地摆上9名猫兵,人家一眼就看出猫兵总数不超过28名。现在这种排法,他就一时搞不清放射线阵共有多少猫兵,给他们的思维造成混乱。这就是'兵不厌诈'呀!"

再说胖团长带领30名士兵,分成三路向喵四郎包围过来,他突然看到猫兵摆出一个三条线的放射线阵,每条线上猫兵数都弄不清楚。

胖团长倒吸一口凉气:"这每条线的猫兵是怎样分布的呢?按照兵法所说,应该先攻击人数最少的一条线。可哪条线的猫兵最少呢?"

周围几名士兵都摇摇头。

胖团长大声训斥:"平时我让你们好好学数学,你们就不认真学,书到用时方恨少,现在你们都傻了吧!"

士兵低头不语,心里不服,心想:"平时你胖团长就不爱学习,现在你不会算了,反而来埋怨我们了，哼！"

这时五八司令恰好过来检查战斗情况。胖团长一把抓住了五八司令："司令，你来得正好，快帮我们算算，他们这三条线上各有多少名猫兵。"

五八司令朝放射线阵看了一眼："这是最简单的加法

$$2 + 7 + 1 = 10$$

$$5 + 4 + 1 = 10$$

$$6 + 3 + 1 = 10$$

三条线的人数一样，全是10人。"

"竟然都一样，弟兄们，咱们三条线一齐进攻，大家跟着我，上！"胖团长把手中的剑一举，冲了上去。

经过一番苦战，猫兵渐渐支撑不住了，他们把放射线阵变成一个圆形阵，保护着喵四郎和灰丑丑，边战边退，逃了出去。

胖团长刚想去追，五八司令摆摆手："莫追！"

胖团长打了胜仗，十分高兴，咧着嘴说："司令过去总批评我，说我带的兵比别人多，打的胜仗总比别人少。今天我和喵四郎都带的是30人，我却打胜了！"

　　五八司令官斜眼看了他一眼："你还真好意思说，你带了30名士兵，再加上你，一共31人；而喵四郎的放射线阵，虽说每条线上有10名猫兵，但是数每条线的时候，都要把位于中心的喵四郎数一次，这样数完三条线，喵四郎就数了三次。实际上，放射线阵总共只有28人，比你们少3个人呢！"

　　"是吗?"胖团长不好意思地低下了头。

是真是假

　　猫兵保护着喵四郎逃了出来。鬼算国王、鬼算王子、鬼司令、喵四郎和灰丑丑聚在鬼算王国的王宫，商量下一步如何应战。大家面色阴沉，一言不发。

　　突然，鬼算国王坐到了喵四郎旁边，和喵四郎嘀咕起来。喵四郎的表情十分丰富，一会儿点头，一会儿摇头，一会儿笑容满面，一会儿愁云密布，谈了足有一小时，最后两人啪的一声用力击了一掌，接着哈哈大笑起来。

　　鬼算国王和喵四郎这场表演，把在场的人都看糊涂了，不知他俩在搞什么鬼。

　　喵四郎十分严肃地开始讲话："这次偷袭爱数王国王宫的方案是鬼算王子设计的，想法十分巧妙，而且我们在座的也没人知道这个方案，应该是万无一失的。"

喵四郎站起来开始走动："这次偷袭这么机密的事，怎么爱数王子好像事前就知道了，他事先就布置好了伏兵，把我们包围了。是谁泄的密？嗯？"

大家你看看我，我看看你，都在摇头。

喵四郎走到灰丑丑面前，突然伸手抓住灰丑丑的脖领，大声问道："是不是你？"

灰丑丑吓得咕咚一声跪在了地上："大王饶命！小的从小受大王栽培，小的绝不敢干这种事啊！"

喵四郎怒气未消，下令："来人，把灰丑丑先关押起来，然后送到'猫法庭'进行审判！"

"喵"一声猫叫，上来两个猫兵，不容分说，把灰丑丑押了下去。

灰丑丑是奸细

　　灰丑丑是奸细？在场的人一个个目瞪口呆，无法理解。喵四郎一挥手："散会!"

　　深夜，万籁无声。一条黑影落在关押灰丑丑的牢房外面。两个看押的猫兵刚想问是谁，突然，每人头上挨了一拳，两人连声都没出，就晕倒在了地上。

　　黑影用钥匙打开了牢门，拉起灰丑丑撒腿就跑，跑到一片小树林，黑影从口袋里掏出一封信，递给了灰丑丑，然后一转头，连句话也没说就走了。

　　灰丑丑找到一块月光比较明亮的地方，打开信，仔仔细细地看了一遍，双手一拍，然后朝着爱数王国王宫的方向，撒腿就跑，刹那消失在黑夜中。

　　再说爱数王子和杜鲁克正在王宫中，研究下一步如何对付黑猫部落和鬼算王国。两人边聊边走，出了王宫，在月光下慢慢走着。突然，从暗处传出一声猫叫声，"喵!"爱数王子嗖的一声拔出了宝剑，喝问："谁?"

"爱数王子，请手下留情，是我。"灰丑丑从暗处走了出了。

"灰丑丑?"杜鲁克十分惊奇，"你怎么会在这儿?"

"一言难尽。"灰丑丑一把鼻涕一把眼泪的，把喵四郎认定自己是奸细的过程说了一遍，最后跪在地上央求爱数王子一定要收留他，说他愿意为爱数王子效力。

爱数王子面露难色，杜鲁克冲他递了一个眼色。爱数王子心领神会，马上点头答应。

爱数王子笑嘻嘻地双手搀起灰丑丑："灰丑丑请起，你的聪明才智我早有耳闻，今日你能投靠我，我求之不得。杜鲁克是参谋长，我命你为副参谋长，协助杜鲁克工作。"

灰丑丑一听，心里别提有多高兴了! 他这次来爱数王国的主要任务，就是偷窃爱数王国的军事机密，最好能把杜鲁克劫持到鬼算王国，使爱数王子失去左膀右臂。

杜鲁克拉着灰丑丑："走，跟我去参谋室看看。"

灰丑丑心想：去参谋室，那可太好了，大批军事秘密都藏在参谋室。

进参谋室要开一个密码锁。走进参谋室，墙上挂满了作战地图，还放着几个高大的保险柜。

灰丑丑心想，要进参谋室必须知道密码是多少。于是他对杜鲁克说："我去趟厕所。"他出了参谋室，然而并不是真去厕所，而是在厕所周围转悠。他看到一名爱数王国的士兵走过来，便急忙迎了上去。

灰丑丑说："我刚从参谋室出来，现在想回去，你知道参谋室的密码吗?"

士兵告诉了他密码。

夜晚，参谋室周围静悄悄的。一道黑影闪了出来，他朝四周看了看，发现周围没有人，便迈着极轻的脚步，快速来到了参谋室的门口。他敏捷地拨动密码锁，拨到121212，门呀的一声打开了。黑影一侧身就溜进了参谋室，点燃手中的蜡烛，在屋里仔细地寻

找。只见桌上放了几本卷宗，上面都写着"绝密"字样，他详细翻看内容，突然发现一张地图，上面写着"爱数王国兵力分布图"。他眼前一亮，赶紧把这张图揣进了怀中。

他还想再找找，突然外面有声响，他赶紧藏到桌子底下，然后"喵——"地叫了一声。这一声叫，暴露了黑影的身份，原来黑影是灰丑丑。他听得外面也同样"喵——"地叫了一声。

他轻轻把门打开一道缝儿，吱溜钻进一只猫。这只猫围着黑影转了两圈，用尾巴轻轻打了他两下。灰丑丑立刻把猫抱在了怀里，轻声说道："蓝猫，是你！宝贝，你怎么来了？"

蓝猫用嘴拱了拱自己的肚皮，灰丑丑发现肚皮上粘着一张字条。他看到字条上写着："此猫负责传递情报。"

灰丑丑说："来得正好！"他从怀里掏出地图，找出一条绳，把地图捆在了蓝猫的腰上，然后把蓝猫放了出去。做完这一切，灰丑丑也返回了卧室。

蓝猫向鬼算王国的方向跑去。没跑出多远，突然一只笼子从天而降，一下子就把蓝猫扣在了下面。一个士兵把蓝猫从笼子里拽了出来，解下它身上的地图，又把另一张假的作战地图重新捆在了蓝猫的腰上。蓝猫继续跑向了鬼算王国。

喵四郎发怒了

　　喵四郎抱过蓝猫，解下它身上的地图，看到是爱数王国兵力分布图，大喜。他把地图递给了鬼算国王："国王请看，灰丑丑居然能把这张图弄来，这一趟可不白去。"

　　"我来看看。"鬼算王子要过地图边看边念，"爱数王国共有士兵2520人，分成六部分：胖团长率领的一团、二团和三团，铁塔营长率领的一营、二营，五八司令率领的皇家卫队。一团有240人，二团460人，三团434人，一营441人，二营455人，皇家卫队490人。"

　　鬼算王子评论道："除了一团人少了点儿，其他五部分人数都差不多。重要的是他们分布的情况。"

　　鬼司令说："我们应该集中力量，打击兵力最薄弱的部分，也就是攻击一团。"

"对！咱们集中黑猫部落和鬼算王国中最精锐的部队，攻击一团！"鬼算王子激动地站了起来。

鬼算王子展开爱数王国的军事地图："咱们先找到一团布防的位置，看，一团在这儿！他们看守着军火库。我们今天晚上就去端掉这个军火库。"

"慢！"鬼算国王十分严肃地说，"爱数王国现有2520名士兵，可谓兵多将广。不知猫大王手下还有多少士兵？"

喵四郎十分骄傲地说："我带来的猫兵是6885名，是爱数王国士兵的两倍半还多！我才是兵多将广呢！"

"现在好了，灰丑丑把爱数王国的兵力分布图偷来了，我们两部分兵力合在一起，对爱数王国的六个军事目标各个击破，此战必胜无疑！"

喵四郎撇了撇嘴："我知道贵国几次战败，兵力已所剩无几，这次作战，仅我们一家足矣，不劳贵军出一兵一卒。对付他们，我也不用多带猫兵，只带240名足够！"

鬼算王子还想说什么，鬼算国王用眼神制止了他："猫大王说得对，现在我们对爱数王国的兵力分布了如指掌，猫兵一到，定能将爱数王国的军队全部击溃！"

"不过——"鬼算国王欲言又止。

喵四郎说："鬼算国王有什么尽管说。"

"猫大王带猫兵去攻打人数最少的一团，所带的猫兵也不多，如果爱数王国其他五部分部队来增援，把猫兵包围在中间，岂不成了瓮中之鳖了？"

喵四郎低头想了一下："鬼算国王说得对呀！我们必须掌握其他五部分的动态，随时知道他们的调动情况，根据他们的调动情况，我们组织'打援'部队，专门打他的增援部队。问题是我们怎样知道他们的部队如何调动呢？"

大家一片沉默。

"我有一个好办法。"鬼算国王兴奋地说，"你们别忘了灰丑丑现在正在爱数王国，而且是副参谋长。他一定知道爱数王国军队的调动情况，想办法让他把爱数王国军队调动的情报及时传回来，不就成了吗？"

"好法子！"在场的人无不拍手称赞。

喵四郎摇摇头："灰丑丑怎样能把情报及时传回来呢？光靠蓝猫传递也来不及呀！"

鬼算国王眨了眨眼睛："我有一个绝妙的办法。"说着从口袋里掏出一张表，打开给大家看：

十进位数	0	1	2	3	4	5	6	7	8	9
二进位数	0	1	10	11	100	101	110	111	1000	1001

大家都愣住了："这张表有什么用？"

鬼算国王嘿嘿一笑："用处大了！爱数王国有六部分部队，可以用十进位数中的1、2、3、4、5、6这六个数字来表示。可是六个数字太多，传送起来不方便。十进位数可以转换成二进位数，二进位数只有0和1两个数字，这样传递起来就方便多了。比如用0代表猫叫'喵——'用1表示鼠叫'吱——'我再列张表。"

爱数王国的部队	一团	二团	三团	一营	二营	皇家卫队
用十进制表示	1	2	3	4	5	6
用二进制表示	1	10	11	100	101	110
用叫声表示	吱——	吱—— 喵——	吱—— 吱——	吱—— 喵—— 喵——	吱—— 喵—— 吱——	吱—— 吱—— 喵——

喵四郎看明白了："这就是说，爱数王国的六支部队，不管哪支部队调动了，我们都可以通过猫叫和鼠叫，把信息传递出来。嗯，妙，妙！鬼算国王赶紧把你这个传递方法写出来，让蓝猫给灰丑丑送去，叫他及时把部队调动情况传给咱们。"

鬼算国王立刻把刚才讲过的一切写了下来，喵四郎把它捆在蓝猫的身上，照着蓝猫的头拍了一下："拜托了！"蓝猫噌的一声就蹿了出去。

鬼算国王严肃地说："咱们距离爱数王国还比较远，中间还要设几站中转站，派几名猫兵，采取接力的方法，把情报传回来。"

"对！"喵四郎亲自挑选了几名猫兵去建立中转站，又回头命令，"点齐240名猫兵立即出发，攻打一团防守的军火库！"

喵四郎刚想出发，三脚猫拦住了他："大王，你是猫兵的统帅，几千名猫兵等你指挥。这次攻打军火库的行动，派我来完成吧。"

三脚猫是黑猫部落中仅次于喵四郎和灰丑丑的第三号人物，别看他一条腿有点儿瘸，但是头脑灵活，数学好，作战勇敢，喵四郎十分看重他。

鬼算国王也在一旁插话："三脚猫说得对，群龙不可无首。三脚猫智勇双全，此次任务一定能顺利完成。"

喵四郎点点头，一挥手："大家都听三脚猫指挥，出发！"

240名猫兵齐声回答："喵——"跟着三脚猫出发了。

猫叫，老鼠叫

夜晚，爱数王子和杜鲁克正在研究下一步作战方案，只见铁塔营长慌慌张张跑了进来。

他喘着一口气："报告爱数王子，三脚猫带领一群猫兵直奔咱们的军火库去了。"

爱数王子问："原来这次是三脚猫带队。有多少猫兵？"

铁塔营长回答："有200多人。"

爱数王子打开军事地图："在灰丑丑拿走的假军事地图上，军火库标的是一团在此防守，一团人数最少，只有240人，他们是找人数最少的攻击，看来他们要上当了。"

杜鲁克笑了笑："喵四郎逞强好胜，他知道一团有240人，也只让三脚猫带了200多人。实际上是三团在防守军火库，三团有434人，几乎是一团的两倍。"

爱数王子双手一拍，对铁塔营长下达命令："调动二团的460人，增援三团。这样二团、三团合起来有894人，确保取胜。"

这时灰丑丑敲门进来了，他见铁塔营长匆匆往外走，便问："铁塔营长，这么晚了，到哪儿去呀？"

铁塔营长回答："喵四郎要进攻军火库，爱数王子让胖团长调动二团去增援。"

灰丑丑先是一愣，又马上点点头说："军情似火，耽误不得，您赶紧去！"他又问爱数王子："需要

我做什么吗?"

爱数王子笑了笑说:"小股部队侵扰,没事!"

"没事的话,那我休息去了。"灰丑丑转头出去了。

现在正是发挥他作用的时候,怎么能去睡觉呢?灰丑丑噌噌几下就上了房顶,他掏出蓝猫刚刚送来的情报,借助月光,看到二团用叫声表达是"吱——喵——"他赶紧冲着鬼算王国的方向大声叫:"吱——喵——""吱——喵——"

不久,在很远的地方也同样响起了"吱——喵——""吱——喵——"的叫声,然后在更远的地方也响起了"吱——喵——""吱——喵——"的叫声。

叫声传到了喵四郎的耳朵里,他兴奋地说:"爱数土国开始调动部队了,派二团去增援,二团有460人。机灵猫,你带领460名猫兵火速增援!"

机灵猫答应一声,点齐460名猫兵出发了。

又是猫叫,又是老鼠叫,爱数王子和杜鲁克都愣住了。

爱数王子问："这是怎么了？猫叫，老鼠也叫？"

杜鲁克："你细听，它们叫是有规律的，先是一声老鼠叫，接着是一声猫叫。"

爱数王子摇摇头："奇怪的是，这种叫声不但有规律而且远处还有重复，近处叫完了，远处紧跟着学叫一次。"

杜鲁克突然灵机一动，冲门外喊道："士兵，快去把灰丑丑副参谋长找来！"

过了一会儿，士兵跑来报告，说哪儿都找过了，就是没找到灰丑丑。

这时一名侦察兵跑了进来："报告王子，三脚猫带领的200多猫兵已经和三团交手了。三脚猫的攻势十分凶猛，他们不但使用猫爪子，还使用飞镖。"

爱数王子点点头："知道了，再探！"

另一名侦察兵又跑了进来："报告王子，一名叫机灵猫的带领460名猫兵，快速向军火库赶来。"

"嗯？"爱数王子一皱眉头，"来得好快呀！"

杜鲁克一摸脑袋："460名猫兵，这和去增援三团的二团士兵一样多，喵四郎怎么知道我们派二团去增援呢？"

两人正在琢磨，灰丑丑突然进来了。

他面色紧张地问："怎么，军火库打起来了？咱们还不赶快派兵去增援？"

杜鲁克说："我们是想和你研究一下增援的事，可是到处也找不到你呀！"

"嘿——"灰丑丑笑得很不自然，"我一个人到后山捉老鼠去了。"

爱数王子问："捉住了几只？"

"我听到这边有点儿乱，赶紧跑回来了，一只也没捉到。"

爱数王子说："咱们去军火库，看看战斗打得怎么样了。"说完和杜鲁克、灰丑丑朝军火库方向走去。

到了军火库，只听叫喊声、兵器撞击声连成一片。

很快灰丑丑就看出来了，由三脚猫带领的200多名猫兵，被比他们人数多一倍的爱数王国的士兵围在了中间，由于人数上的悬殊，猫兵渐渐支撑不住了。

灰丑丑心想，怎么会这样呢？他忙问："军事地图上明明标出的是一团防守军火库，而一团只有240人，怎么现在有了这么多士兵？"

爱数王子笑了笑："你偷走的是一张假地图，假地图上确实标的是一团防守军火库。现在我们用的是新地图，新的军事部署是三团守卫军火库了，而三团有434人，比一团几乎多了一倍。"

"啊，我上当了，把假地图发了回去，让猫大王做出了错误的决定。都赖我！"灰丑丑后悔得抓耳挠腮。

爱数王子一声令下："把奸细灰丑丑拿下！"两名士兵立刻把灰丑丑捆了起来。

杜鲁克问："你是如何把我们调动二团去增援三团的消息发回去的？这和猫叫、老鼠叫有什么关系？"

灰丑丑先一阵冷笑："嘿嘿，我用的是最先进、保密性最强的手段发回去的。让你们猜十年八年的，也猜不着。"

杜鲁克下令："翻他的口袋，看看有没有密码本！"

士兵从灰丑丑口袋里翻出了鬼算国王写给灰丑丑的字条，字条上有二进位数、十进位数、猫叫老鼠叫的对照表，以及使用方法。

杜鲁克看过字条，倒吸一口凉气："鬼算国王的数学着实了得，他能想到用二进位数的方法来表示猫叫和老鼠叫，传递信息的方法确实是高！"

爱数王子摇摇头："可惜呀！这么好的数学水平没用在正道上。"

杜鲁克问："灰丑丑，你想不想将功折罪？"

灰丑丑低头不语。

"如果你不愿意，我们将一个月不给你肉吃。"

听说一个月不给肉吃，灰丑丑吓坏了，立刻说："我愿意将功折罪！千万别不给我肉吃。只要给我吃肉，让我干什么都成。"

爱数王子心里暗暗说道："瞧这点儿出息！"

一名士兵进来："报告王子，三团已经将三脚猫带领的猫兵击败，猫兵全部投降。"

"好！"爱数王子非常高兴。

一名侦察兵跑来报告："报告王子，机灵猫带领的460名猫兵已经逼近军火库。"

爱数王子命令："三团先从正面阻击机灵猫，交手之后，让二团从后面攻击，形成两面夹击的态势，务必打败猫兵！"

灰丑丑在一旁暗暗着急："完了，完了。二团和三团加起来有894人，又差不多是机灵猫带的猫兵的两倍，估计他们也只能落得个溃败的下场。唉！"

经过一番激烈的战斗，猫兵尽管在机灵猫的率领下奋勇作战，终因寡不敌众，全军覆没，成了俘虏。

喵四郎和鬼算国王在王宫正等着胜利的消息，可是前线一点儿消息也没有，两个人坐立不安。

喵四郎想再派猫兵过去，鬼算国王说："先等等，看看灰丑丑会不会发来新的情报。"

再说爱数王子，他得知喵四郎派来的两支部队全部落败，而喵四郎又没派新的部队，就问杜鲁克打算下一步该怎么办。

杜鲁克想了想："咱们还是照方抓药，继续让灰丑丑往回发情报，告诉喵四郎，我们这里仍旧在调动部队。"

"好！"爱数王子对灰丑丑说，"你发情报告诉喵四郎，说这里的爱数王国卫队正在调动。"

"喵！"灰丑丑说，"把鬼算国王写给我的字条还给我行吗？上面的暗号，我记不住。"

"可以。"

"让我上房顶上去发，行吗？"

"可以。"

灰丑丑很快就蹿上房顶，冲着鬼算王国方向，大声叫道："吱——吱——喵——""吱——吱——喵——""吱——吱——喵——"连叫三遍。

经过中转站，信号很快就传到鬼算王国的王宫。

鬼算国王第一个听懂了灰丑丑发来的信息，他兴奋地说："三脚猫和机灵猫可能取得了胜利，爱数王国有点儿顶不住了。他们开始调动他们的王牌军——皇家卫队去增援了。"

喵四郎咧着嘴："嘿嘿，他们哪里经得起我的精锐部队的轮番进攻！他们的卫队有多少人？"

"490人。"

"好，爱数王国总共只有2520人，这次我亲自带队，带兵2000人，把爱数王国的部队彻底击溃！"喵四郎命令，"点齐队伍，立刻出发！"

鬼算国王赶忙站起身来，说了声："慢！大王对爱数王国的地形和建筑还不太熟悉，我派鬼机灵随队出发，鬼机灵对爱数王国了如指掌。"

喵四郎点点头："那可太好了！多谢国王！"

两军决战

爱数王子打胜了两场战役，正要和杜鲁克研究下一步如何打时，突然侦察兵进来报："报告王子，喵四郎率领2000猫兵，正冲向军火库。"

"啊?"喵四郎这次出动这么多猫兵，有点儿出乎爱数王子的预料。他对杜鲁克说："这次喵四郎是要拼命啊!"

杜鲁克拍着自己的脑门儿，在屋里走了两个来回："这次猫兵人数众多，我们不可以和他们正面交锋。要想办法把他们拆成几部分，然后各个击破。"

"怎么个拆法?"

"猫的特性是怀疑、好奇和固执。咱们就抓住这些特性把他们分开。"

"好! 具体怎样做呢?"

杜鲁克说："灰丑丑在咱们手里，咱们要好好利用他，王子附耳过来。"然后就小声对王子说了好一会儿。爱数王子频频点头，脸上不断露出笑容。

爱数王子命令卫兵："把灰丑丑带来！"

王子问："灰丑丑，你想将功赎罪吗？"

"想、想，做梦都想。"

"好，现在给你一个机会。你先后到军火库、王宫、大食堂、练兵场、粮库、俱乐部这六个地方，分别发出一团、二团、三团、一营、二营、爱数王国卫队的二进位数的密码暗号。记住一定要发完一个，等一会儿再发下一个。"

"是！"灰丑丑在士兵的押送下，离开了王宫。

喵四郎带着2000猫兵，浩浩荡荡地向军火库进发。突然听到传来"吱——""吱——""吱——"的叫声。

喵四郎听到声音，马上问鬼机灵："这声音是从何处传来？"

鬼机灵侧耳听了听："是军火库方向。"

喵四郎高兴地点点头："灰丑丑在告诉我们，一团在军火库。对！上次灰丑丑传回来的情报就是一团驻守军火库。军火库我已经派了三脚猫和机灵猫去攻打了！"

往前又走了一会儿，突然又传来三声："吱——喵——""吱——喵——""吱——喵——"

喵四郎忙问："这是从哪儿传来的？"

鬼机灵脑袋左右转动了两下："是从爱数王国王宫方向传来。"

"灰丑丑告诉我们，二团在王宫，二团有460人。"喵四郎命令，"大黄猫，你带领460名猫兵，火速赶往王宫，消灭二团！"

大黄猫个子很高，体格健壮，浑身是黄毛，十分威武。他答应一声，带兵出发了。

又过了一会儿，灰丑丑又发来信号："吱——吱——""吱——吱——""吱——吱——"

鬼机灵忙说："信号是从大食堂传来的。"

喵四郎说："三团在大食堂，三团有434人。老黑猫，你带领434名猫兵，进攻大食堂。你是老猫兵了，希望你尽快结束战斗！"

老黑猫年岁比较大了，走路、说话都比较慢。他一字一句地说道:"我一定——不辜负——猫——大王——的期——望。"说完带着434名猫兵走了。

之后,陆续传来"吱——喵——喵——""吱——喵——吱——""吱——吱——喵——"的叫声。

鬼机灵准确说出分别是从练兵场、粮库、俱乐部传出来的。

喵四郎也精确无误说出,是一营、二营、爱数王国卫队分别在这三个地方。他又派出胖花猫带领441名、波斯猫带领455名猫兵去攻打一营和二营。现在只剩下210名猫兵了,喵四郎要亲自带领这余下的210名猫兵,去攻打有490人的精锐爱数王国卫队。

鬼机灵上前劝阻:"猫大王还是调些猫兵来吧!爱数王国的卫队战斗力极强,我们鬼算王国的部队和他们几次交手,都是大败而归。您现在带领的猫兵数还不及人家的一半,怎么交手?"

喵四郎摇摇头:"来不及了。我的猫兵会奋勇杀敌,以一抵二,坚决消灭爱数王国卫队!出发!"

对付喵四郎的全面进攻,杜鲁克采取的对策是,集中优势兵力，一个一个消灭猫兵队伍。

爱数王子下令，一团、二团和三团火速赶到王宫，围攻大黄猫带领的猫兵。

由于一团、二团、三团合起来有1134人，而大黄猫只带领460名猫兵，双方交战半个小时后，大黄猫就被打得七零八落，很快就投降了。接着胖花猫带领的441名猫兵、波斯猫带领的455名猫兵也没逃脱战败的命运。

这时喵四郎正带着他的210名猫兵赶往俱乐部，去攻打爱数王国卫队。走着走着，听到四周有动静，便立即派一名猫兵前去打探。

猫兵回来说："报告大王，大事不好了！四周都是爱数王国的军队，我们被包围了。"

喵四郎摇摇头说："不可能！我派去的那么多部队呢？三脚猫、机灵猫呢？我的大黄猫、老黑猫、胖黑猫、波斯猫呢？难道他们都被打败了吗？"

最后，喵四郎十分痛心地说："特别是我最信任的灰丑丑，他到哪里去了呢？"

突然，灰丑丑出现在前面，对喵四郎说："大王，我在这儿。大王，你派来的几支部队，全被爱数王国的部队打败，绝大多数猫兵都当了俘虏。"

"什么？"喵四郎简直不敢相信自己的耳朵。

爱数王子和杜鲁克也出现在了前面。

爱数王子说："尊敬的喵四郎，黑猫部落平日爱好和平，从不无故侵犯别人。这次受了鬼算国王的挑唆，发兵来进攻爱数王国，我们只能奋起抵抗。战斗到了此时，胜负已定，来犯的猫兵，除了少部分受伤，我们已经给予了治疗，其他俘虏身体良好。一会儿，我们一并交给大王。带上来！"

只见在爱数王国士兵的看护下，猫兵排成几个整齐的方队，每队前面都有一个领队的，他们依次是三脚猫、机灵猫、大黄猫、老黑猫、胖花猫、波斯猫。

喵四郎一看，叹了一口气，不得不服："爱数王子，实在对不起，我们受了鬼算国王的蒙蔽，侵犯了贵国，我现在就带兵撤走，保证永不再进犯爱数王国！"

爱数王子把手一举，高喊："列队送客！"

爱数王国的士兵在猫兵队伍的两侧排好整齐的队伍，目送猫兵撤离。

"等一等!"胖团长急匆匆赶来，后面跟着两名士兵，每人牵着一匹高头大马，每匹马上都驮着两只大铁笼子，里面装满了老鼠。

爱数王子笑着说:"我们费了半天劲儿，才捉了这么多老鼠，送给喵四郎吧!"

喵四郎什么也没说，朝爱数王子和杜鲁克招招手，就向黑猫山进发了。

队伍经过鬼算王国时，鬼算国王和鬼算王子正站在山顶上，脸色灰暗地看着猫兵从山下走过。鬼算国王自言自语:"完了，这次又失败了。"

鬼算王子愤愤地说:"失败是成功之母，下次再来!"